Jürries · Anpacken

Anpacken

statt aufschieben

Das Trainingsbuch

Alexander Jürries

Haufe Mediengruppe
Freiburg · Berlin · München · Zürich

Bibliografische Informationen Der Deutschen Bibliothek
Die Deutsche Bibliothek verzeichnet diese Publikation in der
Deutschen Nationalbibliografie; detaillierte bibliografische Daten
sind im Internet über http://dnb.ddb.de abrufbar.

ISBN 3-448-06190-5   Bestell-Nr. 00142-0001

© 2004, Haufe Verlag GmbH & Co. KG, Niederlassung Planegg b. München
Postanschrift: Postfach, 82142 Planegg
Hausanschrift: Fraunhoferstraße 5, 82152 Planegg
Fon (0 89) 8 95 17-0, Fax (0 89) 8 95 17-2 50
E-Mail: online@haufe.de
Lektorat: Dr. Ilonka Kunow
Redaktion: Stephan Kilian

Satz + Layout: AB Multimedia GmbH, 85445 Oberding
Umschlaggestaltung: Witte, Salzgeber, 80469 München
Druck: J.P. Himmer GmbH & Co. KG, 86167 Augsburg

Zur Herstellung des Buches wurde nur alterungsbeständiges Papier verwendet.

Vorwort

Dass man Dinge aufschiebt anstatt sie gleich anzupacken, kennt sicher jeder von uns. Ungeliebte Aufgaben bleiben liegen, bis es „brennt". Veränderungen stehen an, doch man wird nicht aktiv, sondern lässt sich von der Entwicklung überrollen. Oder man steht unentschlossen vor einer Entscheidung, bis andere sie fällen – leider selten zum eigenen Vorteil. Bevor man zugibt, dass man sich selbst im Weg steht, schiebt man solche Probleme gerne auf äußere Umstände und Einflüsse. Schließlich ist man ja für so vieles verantwortlich und zahlreichen Zwängen unterworfen – da bleibt eben manches auf der Strecke.

Dieses Buch verrät Ihnen, wie Sie Dinge zügiger anpacken und erfolgreich zu Ende bringen. Mit Übungen, Checklisten und zahlreichen Tipps bekommen Sie ein Instrumentarium an die Hand, um Wichtiges von Unwichtigem zu trennen, Entscheidungen sicher zu fällen, sich für unangenehme Arbeiten selbst zu motivieren und Aufgaben systematisch umzusetzen. Dazu gibt es Tipps, wie Sie besser mit Ihrer Zeit haushalten.

Weil aktives Selbstmanagement viel mit der eigenen Lebensplanung zu tun hat, erfahren Sie aber auch, wie Sie Ihre Ziele artikulieren und konsequent verfolgen – somit Veränderungen selbstbestimmt gestalten und mehr Lebensqualität gewinnen.

Dies alles soll nicht nur Ihrer Karriere nützen. Denn natürlich sind berufliches und privates Vorankommen nicht voneinander zu trennen. Unser privates Glück hilft uns beruflich – Erfolge im Beruf bereichern unser Privatleben. Umgekehrt blockieren private Probleme unsere berufliche Leistungsfähigkeit und Ärger im Job drückt unsere Stimmung auch zu Hause. Gehen Sie daher die beruflichen wie privaten Herausforderungen an – und kümmern Sie sich um die Dinge, die Sie erfolgreich machen!

Viel Erfolg mit all Ihren Vorhaben wünscht Ihnen

Alexander Jürries

Inhalt

Wie Sie erfolgreich mit diesem Buch arbeiten

Aufschieben, Verzetteln, Entscheidungsschwäche, Stillstand – wenn etwas nicht vorangeht und die Entwicklung stagniert, ist der Frust vorprogrammiert. Damit das Problem nicht zum Dauerzustand wird, lernen Sie hier in neun Lektionen, Ihre Aufgaben zügiger, zielgerichteter und effizienter anzupacken. In jeder Lektion finden Sie zahlreiche Beispiele, Praxistipps und Übungen, mit denen Sie Ihre individuellen Stärken, Schwächen und Möglichkeiten ermitteln. Sie trainieren mit den Übungen Entscheidungsstärke, Kreativität und andere für den Erfolg unerlässliche Soft Skills.

Im Anhang finden Sie Auswertungen und Kommentare, die Ihnen auch neue Denkansätze und eine kreative Einstellung gegenüber Ihren Aufgaben vermitteln sollen. Besonders bei den Übungen, die bestimmte Verhaltensweisen abfragen (Szenario-Übungen), werden Sie zuweilen auf Antworten stoßen, die womöglich gar nicht auf Ihre Situation passen oder Sie sogar erheitern mögen. Jedoch können scheinbar absurde Antworten zu einer anderen Zeit oder in einem anderen gesellschaftlichen Umfeld sehr wohl Relevanz besitzen. Zudem regen sie dazu an, Ihre eigene Antwort in einem neuen Licht zu sehen. Berücksichtigen Sie aber auch, dass in vielen dieser Übungen nur Tendenzen aufgezeigt werden sollen. Ihre Antworten müssen also nicht bedeuten, dass Sie sich stets so verhalten. Verstehen Sie sie daher als Hinweise, wo mögliche Gefahren für Fehleinschätzungen lauern.

Wenn Sie den Nutzen dieses Trainingsbuchs voll ausschöpfen wollen, legen Sie sich für die Übungen und für Notizen Papier und Bleistift bereit. Wenn Sie Ihre Antworten auch schriftlich fixieren, ist der Lerneffekt größer.

Anmerkung: Nicht jeder Satz kann neutral formuliert werden. Der traditionellen Leseart folgend wird auch in diesem Buch meist die männliche Form verwendet. An dieser Stelle daher ein Dank an alle Leserinnen, die sich bitte stets gleichermaßen angesprochen fühlen.

Lektion 1: Handeln als Erfolgsmotor

*Warum werden wir oft nicht aktiv? Bevor wir uns
den häufigsten Ursachen des Aufschiebens
zuwenden, sollen Sie in dieser Lektion herausfinden,
welcher Aktionstyp Sie sind – und welche
Konsequenzen sich daraus für Ihr Handeln ergeben.
Auf einer kleinen Reise können Sie sich anschließend
orientieren, wohin Sie überhaupt wollen.*

Welcher Aktionstyp sind Sie?

Dieses Buch ist ein Trainingsbuch – und sein Thema ist das Handeln.
Daher verlieren wir auch keine unnötige Zeit und steigen gleich mit
einem Test ein.

Test: Welcher Aktionstyp sind Sie?
Sie stranden auf einer abgelegenen Insel. In einer geretteten Kiste finden sie:
- eine Axt
- Streichhölzer
- einen Fallschirm
- Leuchtraketen
- ein Radio
- Schnüre
- eine Plane
- 5 Liter Trinkwasser
- Papier und Bleistift

Was wollen Sie tun? Kreuzen Sie ganz spontan an, welche Handlung Ihrem
Naturell am ehesten entspricht.
Als Erstes würde ich ...
a) Feuer machen
b) die Insel erkunden
c) eine Hütte bauen
d) einen Plan machen
e) Radio hören
f) eine Destillieranlage bauen
g) Leuchtraketen abfeuern

Auswertung

Gleich was Sie gewählt haben, für jede Lösung gibt es gute Gründe:

a) In der Nacht wird Ihnen das Feuer Wärme und Schutz vor wilden Tieren geben. Zudem macht es eventuell vorbeiziehende Schiffe auf Sie aufmerksam – allerdings auch mögliche Eingeborene, wer immer diese sein mögen.

b) Sie haben Entdeckerqualitäten und schätzen es, einen Schritt nach dem anderen zu machen, getreu dem bewährten Vorgehen: Analyse – Planung – Umsetzung. Sie verschaffen sich lieber erstmal einen Überblick, wie schlimm oder weniger tragisch Ihre Situation wirklich ist. Erst durch das Erfassen der Gesamtlage lassen sich geeignete Handlungen ableiten.

c) Eine Hütte bietet Schutz vor wilden Tieren. Außerdem müssen Sie als Erstes sicherstellen, dass die wertvollen Streichhölzer und Leuchtraketen unbedingt trocken bleiben. Der Schatten reduziert zudem Ihren Wasserverbrauch.

d) Bevor Sie etwas Falsches machen, denken Sie die Situation lieber erst einmal gründlich durch. Sie entwerfen einen Aktionsplan und variieren diesen hinsichtlich möglicher Eventualitäten. So sind Sie für alle Fälle gut gerüstet und brauchen im entsprechenden Fall nur dem vorbereiteten Aktionsplan folgen.

e) Musik beruhigt und gibt Ihnen das Gefühl, nicht ganz von der Außenwelt abgeschnitten zu sein. Vielleicht erfahren Sie in den Nachrichten auch etwas über mögliche Suchtrupps. Andererseits stehen die Chancen auf eine baldige Rettung vielleicht nicht gerade zum Besten. Nachdem Sie sich über Ihre Situation klarer geworden sind, können Sie sich gestärkt einer pragmatischen Lösung zuwenden.

f) Sie denken voraus: Ihr Trinkwasser wird schon in wenigen Tagen aufgebraucht sein. Dann ist Ihr Überleben in erster Linie von salzfreiem Wasser abhängig. Mit Hilfe der Folie, dem Salzwasser und der Sonnenwärme können Sie destilliertes Wasser gewinnen, dem Sie durch Zusetzen von etwas Sand Mineralstoffe beisetzen.

g) Irgendetwas sagt Ihnen, dass bestimmt bald ein Schiff auftauchen wird. Also verschwenden Sie keine unnötigen Energien darauf, sich erst häuslich einzurichten. Stattdessen schießen Sie in regelmäßigen Abständen Leuchtraketen in die Höhe, um auf Ihre Situation aufmerksam zu machen.

Sie sehen: In den Antworten zeigen sich keine richtigen oder falschen Lösungen als vielmehr verschiedene Aktionstypen. Bevor wir zu deren Beschreibung und den damit verbundenen praktischen Konsequenzen kommen: Beobachten Sie doch einmal Ihre innere Reaktion beim Durchspielen der vorgestellten Handlungsalternativen:

- Ärgert Sie die Vorstellung, ein Schiffbrüchiger verschießt aus lauter Optimismus und intuitivem Bauchgefühl als erstes seine Raketen?
- Oder wundern Sie sich über den, der sich einfach im Freien ans Feuer legt, statt eine schützende Hütte zu bauen?
- Ist die emotionale Verarbeitung einer neuen, gefährlichen Situation für Sie ebenfalls die Voraussetzung, um sich im zweiten Schritt der praktischen Herausforderung zu stellen?
- Haben Sie beim Begriff „Destillieranlage" den Kopf geschüttelt?
- Oder identifizieren Sie sich mit demjenigen, der erst einmal ausführliche Pläne macht, bevor er auch nur ein Streichholz verschwendet?
- Würden Sie sich auch die Mühe machen, zuerst die Insel zu erforschen?

Was Sie lernen können

Dieser Einstiegstest zeigt nicht nur, welche Handlungsmöglichkeiten bestehen, sondern – was noch wichtiger ist – wie Sie sich mit diesen Alternativen fühlen! Hier erfahren Sie mehr zu den Vor- und Nachteilen, die mit Ihrer Aktionswahl verbunden sind:

Typ A: Der/die Spontane
Spontan machen Sie es sich gemütlich und wärmen sich am Feuer, ohne Rücksicht darauf zu nehmen, ob Sie damit zu Ihrem Nachteil auf sich aufmerksam machen. Ihre Spontaneität basiert vermutlich auf einer ausgeprägten Intuition und hilft Ihnen meist sehr gut, brauchbare Entscheidungen zu treffen, die zu guten Ergebnissen führen. Ihnen gefallen Lösungen, die nicht nur einen einzelnen Zweck erfüllen, sondern gleich mehrere Fliegen mit einer Klappe schlagen. Dadurch sind Sie meist sehr effizient in Ihren Handlungen. Nachteil: Wichtige Aspekte werden im Einzelfall mangels gründlicher Recherche und Planung übersehen, worunter das Ergebnis leiden kann.

Typ B: Der/die Forschende
Sie entscheiden gerne auf der Grundlage gesicherter Erkenntnisse und sind auch bereit, diese selbst zu recherchieren, wenn kein brauchbares Ausgangsmaterial zur Verfügung steht. Das führt in der Regel zu fundierten und ausgereiften Projekten. Nachteil: Wenn Sie zu viel Zeit mit der Grundlagenforschung verbringen, kann es zu zeitlichen Engpässen kommen. Außerdem sollten Sie stets die Wichtigkeit einzelner Maßnahmen im Gesamtkontext des Projekts beachten. Wichtig ist auch, dass Sie vom Grundlagenstudium zu zielgerichteten Handlungsansätzen finden.

Typ C: Der/die Pragmatische
Sie haben eine handwerkliche Ader und gehen tatkräftig ans Werk. Immerhin: der Bau einer Hütte mit den wenigen zur Verfügung stehenden Werkzeugen wird nicht ganz einfach. Bevor Sie größere Projekte wie dieses angehen, empfiehlt sich, zuerst einen Überblick über die Gesamtsituation zu gewinnen. Schließlich könnte sich ein anderer Standort hinsichtlich Trinkwasser, Schutz vor Sturm, Flut und möglicher Bedrohung als geeigneter erweisen. Oder vielleicht erübrigt sich der Bau auch, wenn Sie hinter der nächsten Bergkuppe ein Dorf entdecken? Berücksichtigen Sie daher stets auch genügend den planerischen Aspekt einer Aktion, um Ihre Tatkraft auf eine solide Grundlage zu stellen.

Typ D: Der/die Bedächtige
Sie können sich mit Situationen hervorragend gedanklich auseinandersetzen und bringen vermutlich einige Geduld auf, wenn es darum geht, Dinge von verschiedenen Seiten zu beleuchten. Dabei besteht allerdings die Gefahr, dass Sie in der Planung stecken bleiben und nicht zur Ausführung gelangen. Mit einem ausgewogenen Verhältnis zwischen Planen und Handeln bewältigen Sie auch große Herausforderungen.

Typ E: Der/die Emotionale
Der Kontakt zu anderen ist Ihnen wichtig, wahrscheinlich arbeiten Sie auch lieber im Team als allein. Leider gibt es Situationen im Leben, bei denen man alles selbst in die Hand nehmen und ohne die Kompetenzen von anderen auskommen muss. Daher empfiehlt es sich, die eigene Handlungsfähigkeit optimal zu entwickeln, um im Zweifelsfall

auch ohne Unterstützung erfolgreich entscheiden und handeln zu können. Eine Gefahr besteht darin, dass Sie sich leicht ablenken lassen und die Zerstreuung lieben. Seien Sie konsequent in der Verfolgung Ihrer zentralen Ziele.

Typ F: Der/die Innovative
In Ihnen steckt ein vorausschauender und innovativer Geist, der vermutlich auch auf eine gute Allgemeinbildung zurückgreifen kann. Das macht Ihre Entscheidungen fundiert und hilft Ihnen bei der kreativen Problemlösung. Allerdings besteht die Tendenz, dass Sie die Vorteile einer interdisziplinären Teamarbeit ignorieren, weil Sie „das alleine schneller und besser hinkriegen". Mag sein, dass Sie damit oft sogar Recht haben, aber zum Erfolg gehört auch die soziale Komponente. Außerdem birgt Genialität die Gefahr, den Bodenkontakt zu verlieren und die Prioritäten falsch zu setzen. Schließlich könnte ja Trinkwasser durchaus vorhanden sein.

Typ G: Der/die Optimistische
Ihre Motivation ist eine starke Triebfeder, Sie glauben an den Erfolg und lassen sich nicht so leicht beirren. Mutig und risikofreudig gehen Sie Ihren Weg. Das führt häufig zu dem gewünschten Ergebnis, wird Ihnen aber auch manchmal herbe Rückschläge bescheren. Solange Sie sich nicht zu viel daraus machen, kein Problem. In entscheidenden Situationen wie in der im Beispiel dargestellten sollten Sie jedoch reflektierter an die Sache herangehen. Wer weiß, wozu die (teilweise) aufgesparten Raketen noch mal gut sein werden.

Was heißt das nun für die Praxis? Natürlich nicht, dass Typ D der einzige ist, der zur Vorsicht neigt, oder dass Typ F nicht kontaktfreudig wäre. Die meisten Menschen werden Anteile von mehreren Typen in sich tragen. Diese Einteilung in Entscheidungstypen soll Ihnen lediglich Anhaltspunkte dafür bieten, Ihren eigenen Ansatz zu erkennen, wie Sie an Probleme herangehen. Damit können Sie Ihre Fähigkeiten und Möglichkeiten realistischer einschätzen und Fehler bei schwierigen Entscheidungen vermeiden. Alle Aktionstypen können Schwierigkeiten damit haben, eigene Ziele zu definieren, klare Entscheidungen zu fällen und diese erfolgreich umzusetzen.

Gleich wichtig: Innere und äußere Aktion

Ganz gleich, ob Sie Situationen eher aktiv handelnd angehen oder die Lage erst einmal innerlich verarbeiten – zum Leben gehören beide Aspekte in einem gesunden Gleichgewicht: die innere und die äußere Aktion.

Zur *inneren Aktion* gehören Intuition, Emotion, Motivation, Zielsetzung, Planung, Risikoabschätzung und Strategieentwicklung. Durch die *äußere Aktion* schließlich wird die innere Vorbereitung in die Tat umgesetzt und realisiert.

Jeder hat seinen Planer und seinen Macher in sich. Aber arbeiten diese beiden „inneren Mitarbeiter" wirklich im Interesse Ihres Lebenserfolgs zusammen oder besteht ein Ungleichgewicht zwischen diesen Kräften?

Beispiel

Wenn Sie sich wohler dabei fühlen, an einer interessanten Planung zu sitzen statt als Macher aufzutreten, so ist das in Ordnung. Auch auf diesem Weg können Sie beruflich erfolgreich sein und befördert werden. Aber in höhere Führungspositionen werden meist die aktiven Macher befördert, nicht die stillen Planer. Wenn Sie also Karriere machen wollen, so ist es für Sie wichtig, tatkräftig und entschlossen Entscheidungen zu treffen und Pläne umzusetzen.

 **Tipp** Tatkräftige Menschen, die Probleme anpacken und Projekte realisieren, genießen neben den karriererelevanten Vorteilen auch das Machtgefühl, etwas bewegt, getan, verändert zu haben.

Warum werden wir nicht aktiv?

Es ist also notwendig, dass Ihre Planungen auch in Handlungen münden. Doch zahlreiche Widerstände verhindern Tag für Tag, dass wir aktiv werden. Ist es heute die falsche Stimmung, so fehlt morgen die passende Gelegenheit. Übermorgen kommen dann wieder Zweifel auf, ob alles überhaupt richtig durchdacht ist. Zwischendurch sind wir fest entschlossen – können aber ausgerechnet heute nicht die entsprechenden Unterlagen finden. Und dann fehlt uns wieder die Zeit wegen dringender Termine. Schließlich vergehen Wochen, Fristen verstreichen, Chancen bleiben ungenutzt.

Wenn Sie diese oder ähnliche Widerstände kennen, die einen letztlich doch wieder vom Handeln abhalten, dann werden Ihnen die nachfolgenden Lektionen helfen, diese Hindernisse bei der Umsetzung Ihrer Ideen zu überwinden. Doch zuvor betrachten wir den Prozess von der Zielfindung bis zur Ausführung am Beispiel einer Reise.

Ihre Ziele – Ihre Reise

Was uns im Innern bewegt,
setzt uns auch in Bewegung.

Bewegung erfordert Handeln. Handeln schafft Ergebnisse, und das ist es, worauf es in unserem Leben wirklich ankommt. Nämlich auf das Ergebnis, nicht auf unsere Äußerungen oder die grundsätzliche Bereitschaft, etwas zu tun. Die meisten Menschen beurteilen uns folgerichtig weit mehr aufgrund unserer Handlungen als durch das, was wir sagen. Es kommt also nicht auf unsere theoretischen Ansichten und Aussagen an, sondern einzig darauf, was wir konkret tun, wie wir uns geben und wofür wir uns einsetzen.

Tipp Unser Handeln schafft Wirklichkeit und Wahrnehmung. Der Tatkräftige profiliert sich und wird entsprechend wahrgenommen. Wer sich zurückhält, bleibt im Hintergrund.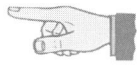

Alle Wünsche, Ziele und Absichten bleiben so lange Phantasie und Traum, bis wir sie durch unser Tun realisieren. Dabei ist es wichtig darauf zu achten, was und wie wir etwas tun wollen, also bewusst zu handeln. Sonst besteht die Gefahr, dass wir Ergebnisse schaffen, die wir so vielleicht gar nicht wollten.
Welche Bedeutung dabei Ziele, Entscheidungen, Wege und Widerstände haben, lässt sich gut am Beispiel einer Reise mit dem Auto veranschaulichen.

Warum Ziele wichtig sind

Wenn Sie in Ihr Auto einsteigen und ziellos in der Gegend herumfahren, werden Sie irgendwo ankommen, nur nicht an einem *Ziel*. Daher ist es wichtig, sich vor der Reise darüber klar zu werden, wohin diese überhaupt führen soll. Das hört sich banal an, aber viele Menschen machen sich nicht die Mühe, einmal wirklich klar zu definieren, wohin ihre private oder berufliche Reise eigentlich gehen soll.

Beispiel

Wollen Sie heiraten oder ledig bleiben? Ist Hausbau wirklich ein Lebensmuss? Soll das Ziel sein, in einem international aufgestellten Konzern „Fachbereichsleiter Westeuropa" zu werden, oder streben Sie eine Stelle mit viel persönlichem Kontakt in einem mittelständischen Unternehmen an? Möchte man die Kindererziehung übernehmen oder sich einen Namen in der Forschung machen, so sind dies unterschiedliche Ziele, die ebenso unterschiedliche Wege erfordern.

Als Erstes brauchen Sie also eine Zielbestimmung, woran sich die Routenplanung anschließt.

Die Routenplanung

Wollen Sie den steilen, aber direkten Weg auf den Gipfel (beispielsweise durch eine Dissertation) oder nehmen Sie lieber den längeren, aber weniger steilen Weg auf der Pass-Straße (durch langjähriges Hocharbeiten in der Firmenhierarchie)? Abhängig von Ihrer Motivation und Ihrer Zeitplanung werden Sie eine Route finden, die Ihnen entspricht und das Ziel in realistischer Zeit erreichen lässt. Damit haben Sie ein Ziel und kennen auch den Weg dorthin. Dann kann ja nichts mehr schief gehen, oder? Tatsächlich aber beenden viele Menschen an dieser Stelle bereits ihre Karriereplanung -leider zu früh! Was fehlt ist ...

Der Treibstoff: Ihre Motivation

Wenn Sie reisen wollen, müssen Sie den Motor starten, da sich sonst natürlich nichts bewegen wird. Ihre Motivation ist dabei der Kraftstoff. Sie treibt Sie an, Ihr(e) Ziel(e) zu erreichen und von den damit verbundenen Vorteilen zu profitieren. Ist die Motivation (der Treibstoff) erschöpft, entfällt damit der Antrieb (Motor), das ursprüngliche Ziel weiter zu verfolgen. Möglicherweise erkennen Sie ja während der

Reise, dass es eigentlich die Ziele Ihrer Eltern waren, die Sie bisher verfolgten, und es zieht Sie plötzlich in eine neue, eigene Richtung. Ganz gleich wohin – Motivation bringt Sie Ihren Zielen näher.

Der Antrieb: Ihr Wille
Wenn der Motor erst einmal läuft, können Sie Ihre Fahrt antreten. Der Antrieb ist dabei Ihr eigener Wille. Die Fahrt entspricht Ihrem aktiven Handeln zur Zielerreichung, der Umsetzung Ihrer Ideen, der Realisierung Ihrer Pläne. Es ist Ihre Entscheidung, wann Sie Ernst machen, wann Sie loslegen wollen. Wenn Sie sich nicht entscheiden können, ob und wann Sie aufbrechen, dann kommen Sie nicht voran, vergleichbar mit einem Wagen im Leerlauf. Um den Kraftschluss zwischen Motor und Rädern herzustellen, müssen Sie einen Gang einlegen.

Die Etappenplanung – Termine und Meilensteine
Gliedern Sie die lange Reise in überschaubare Etappen. Planen Sie Pausen, an denen Sie übernachten oder auftanken. So stellen Sie sicher, dass Sie auf einem langen Wüstenstück nicht ohne Wasser und Sprit liegen bleiben. Sie teilen sich Ihre Kräfte ein und erreichen ein Teilziel nach dem anderen. Das gibt Ihnen positive Bestätigung und Sie wissen stets, wie weit Sie bisher gekommen sind. Der Weg, der vor Ihnen liegt, ist überschaubar – ein realistisches Ziel und leichter zu erreichen als ein fernes, kaum sichtbares Endziel.

Die Hindernisse
So sind Sie eine Weile unterwegs, Sie kommen gut voran, doch dann wird Ihr Fahrzeug plötzlich immer langsamer. Steile Passagen bremsen Ihr Vorankommen. Sie müssen Vollgas geben, um die Steigung zu überwinden. Diese Steigungen während der Fahrt entsprechen den Widerständen auf unserem Lebensweg. Aber durch die Überwindung dieser Hindernisse gewinnen Sie an Höhe und damit an potenzieller Energie. Eventuell sind Verschnaufpausen erforderlich, um etwas abzukühlen. Doch danach geht es ausgeruht und frisch gestärkt weiter, Ihrem Ziel entgegen.

So werden Sie erfolgreich

Wenn Sie die Hindernisse zu Ihrem Lebensziel kennen, nämlich

- vage Zielvorstellungen,
- fehlende Entschlusskraft,
- mangelnde Motivation,
- unklares Vorgehen,
- schlechte Zeitplanung,
- Ablehnen von Verantwortung oder
- schwaches Durchhaltevermögen,

wissen Sie auch gleich, unter welchen Voraussetzungen Sie erfolgreich sein werden!

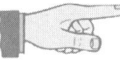

Tipp: Voraussetzungen für den Weg zum Erfolg

1. Werden sie sich über Ihre Ziele klar. Diese sollen realistisch erreichbar und konkret beschrieben sein.
2. Keine Entscheidung zu treffen ist die schlechteste Entscheidung, die Sie treffen können.
3. Machen Sie sich bewusst, warum und für wen Sie Ihre Ziele erreichen wollen.
4. Wählen Sie einen Weg dorthin, der Ihrem Naturell entspricht.
5. Lassen Sie sich dafür ausreichend Zeit, aber sehen Sie Zeit auch als wertvolles Gut.
6. Der Weg aus der Fremdbestimmung führt über die Eigenverantwortung.
7. Lernen Sie, Widerstände zu überwinden und auch bei Rückschlägen durchzuhalten.

Übung 1: Wie steht es um Ihre „Reisevorbereitung"?

Prüfen Sie hier, wie die Voraussetzungen für Sie stehen, erfolgreich zu handeln. Bitte kreuzen Sie an, ob die jeweilige Aussage auf Sie zutrifft.

	ja	teil-weise	nein
Meine Ziele sind manchmal ziemlich klar, aber dann wechseln sie auch wieder.			
Meine Motivation ist wirklich groß. Ich möchte es meinen Eltern beweisen, dass ich das drauf habe.			
Ein Tag sollte 48 Stunden haben.			
Wenn ich frei wäre, könnte ich ganz groß rauskommen.			
Alle meine Aufgaben bereite ich mit fundierter Planung von langer Hand vor.			
Meistens dauert es zu lange, bis sich Erfolg einstellt.			
Für die wichtigen Dinge fehlt mir leider oft die Zeit.			
Beim Fernsehen schalte ich zwischen mehreren Programmen hin und her, um keinen Film zu versäumen.			
Wenn mal wieder was schief läuft, dann tröste ich mich damit, dass es anderen schlechter geht.			
Bei vielen Aufgaben gleichzeitig gehe ich zuerst die kleineren an, um den Tisch für die großen frei zu bekommen.			
Unangenehmen Gesprächen gehe ich ganz bewusst und erfolgreich aus dem Weg.			

Auswertung

Jedes „Ja" ergibt 2 Punkte, jedes „teilweise" 1 Punkt und jedes „Nein" 0 Punkte. Wie viele Punkte haben Sie erzielt – und was bedeutet das?

0 bis 5 Punkte: Sie haben sehr gute Voraussetzungen für persönlichen Erfolg. Die Inhalte dieses Buches werden Sie vermutlich schnell und leicht aufnehmen und damit letzte Lücken in Ihrer Qualifikation schließen.

6 bis 16 Punkte: Sie haben teilweise Erfolg, aber auch ein paar Einstellungen, die Ihnen unnötig Schwierigkeiten bereiten. Die Lektionen dieses Buches können Ihnen helfen, entsprechende Handlungsschwerpunkte zu erkennen und sich in diesen Themen zu steigern.

Über 16 Punkte: Wollen Sie tatsächlich Verantwortung übernehmen, Entscheidungen fällen und Projekte termingerecht realisieren? Oder möchten Sie einfach Ihr Leben etwas besser in den Griff bekommen und mehr Selbstbestimmung verwirklichen? Gleichwohl: Arbeiten Sie dieses Buch bitte aufmerksam durch. Dadurch können Sie Ihre Möglichkeiten deutlich verbessern.

Lektion 2: Ziele ziehen an

*Träumen Sie vom Lebensglück? Wünschen Sie sich
eine Veränderung? Wollen Sie etwas Großes vollbringen?
Dann fangen Sie jetzt an, Ihre Wünsche und Werte
in konkrete Ziele zu fassen. Legen Sie dann geeignete
Schritte fest, damit Sie auch tatsächlich bei Ihrem Ziel
ankommen.*

Veränderungen in unserem Leben bemerken wir oft gar nicht, weil sie
langsam über Jahre erfolgen. Blicken wir aber zurück, erkennen wir,
wie sich unsere Position doch immer wieder etwas verändert. Vielleicht haben Sie vor drei Jahren noch kein Yoga gemacht oder erst angefangen, Italienisch zu lernen. Vielleicht waren Sie damals noch in
einer anderen Partnerschaft oder hatten einen anderen Job als heute.
So entwickeln wir uns gemäß unserer Neigungen langsam und stetig
weiter. Natürlich können sich uns auch Probleme in den Weg stellen
und uns scheinbar von unseren Zielen distanzieren, aber unbewusst
steuern wir unseren Zielen von Tag zu Tag weiter entgegen, denn diese ziehen uns an.

Lassen Sie sich von Rückschlägen nicht entmutigen

Selbst Umwege oder Rückschläge können uns langfristig nicht von
unseren Zielen abbringen, oftmals haben sie vielmehr noch einen beschleunigenden Effekt.

Beispiel

Herr Bienlein hatte Mitte der neunziger Jahre begonnen, erfolgreich
mit Aktien zu handeln, vorwiegend im Neuen Markt. Ende der
Neunziger hatte er bereits ein hübsches Vermögen angesammelt.
Doch dann kam der Crash, und Herr Bienlein verlor Stück für Stück
sein gewonnenes Vermögen. Zwar hätte er nach jedem Kursrutsch
aussteigen können, aber er dachte jedes Mal, der Tiefstand sei bereits erreicht – bis ein neuerlicher Kurseinbruch ihn eines Besseren
belehrte. Bald erschien es unmöglich zu verkaufen, denn die Kurse
befanden sich inzwischen auf dem Niveau von vor zwei Jahren. Also abwarten und die Krise aussitzen. Doch die Erholung ließ auf sich

warten, drei Jahre lang: Mal waren es die US-Konjunkturdaten, dann die sich hinziehende US-Präsidentschaftswahl, dann kam der 11. September, der die Börsen erneut ins Trudeln brachte. Im Endeffekt verlor Herr Bienlein den Großteil seines Depotwertes/Depotvermögens. Nach dieser Erfahrung sammelte er sich und analysierte die Faktoren, die zu diesem finanziellen Verlust geführt hatten. Dann begann er wieder zu investieren, entschloss sich aber zu einer neuen Strategie und legte wesentlich sicherheitsorientierter an. Zwar erzielte er nun nicht mehr so schnell Gewinne, aber langfristig stellte er sein Investment damit auf ein solideres Fundament, womit sein finanzieller Erfolg nachhaltig verbessert wurde.

Rückschläge können also zu einem stärkeren Neustart beitragen, der letztendlich bessere Erfolge ermöglicht. Durch dieses Beispiel wird zudem die elementare Bedeutung geeigneter Maßnahmen deutlich. So könnte Herr Bienlein Stop-Loss-Kurse festlegen – fallen die Kurse unter dieses festgelegte Niveau, werden die Aktien automatisch verkauft und damit Verluste wirkungsvoll begrenzt. Das Beispiel zeigt aber auch, wie schwer Entscheidungen fallen können, wenn sich die Rahmenbedingungen plötzlich ändern (dazu mehr in Lektion 3) und wie wichtig es ist, aus Fehlern zu lernen (siehe Lektion 8).

Ziele bestimmen die Richtung

Mehr als der Börse aus dem Beispiel gelten unsere zentralen Interessen jedoch in der Regel unserer Familie, der Gesundheit, dem Beruf und den sozialen Kontakten zu Freunden, Nachbarn usw. Nach ihren Zielen in diesen Bereichen gefragt, wissen viele Menschen jedoch spontan keine Antwort oder nennen Ziele mit eher nebulösem Charakter wie „Mal weiter sehen", „Erfolg haben", „Es sich gut gehen lassen". Erstaunlich viele Menschen geben als Lebensziel gar „Abwarten" an – sie warten auf bessere Zeiten, günstigere Gelegenheiten, auf den Urlaub oder die Rente. Sie warten darauf, dass die Kinder aus dem Haus sind, auf eine Beförderung oder auf eine Erbschaft.

Wenn wir unseren Aufenthalt auf diesem Planeten jedoch nicht in einem Wartezimmer verbringen, sondern mit Leben füllen wollen, ist es nahe liegend, dass wir uns Gedanken über den Sinn und Zweck unserer Existenz machen. Das hilft zu vermeiden, dass wir in Alltäglichkeiten stecken bleiben, und bringt eine langfristige Kontinuität in unser Handeln.

Beispiel

> Wer sich ausschließlich über den Beruf definiert, fällt spätestens bei der Pensionierung in eine Sinnkrise, wenn es darum geht, dem Leben neue Inhalte zu geben. Vielen erscheint das Leben nach Erreichung eines wichtigen Ziels als inhaltslos. Wer alles erreicht hat, weiß oft nicht, was er nun tun soll. Frauen, die sich hauptsächlich über Kinder und ihre Mutterrolle definieren, leiden darunter, wenn die Kinder eigene Wege gehen und sie als Mutter nicht mehr gebraucht werden.

Die Bestimmung unserer Ziele fällt nicht immer leicht, und dafür gibt es mehrere Gründe. Diese reichen von der Unsicherheit, wie viel wir vom Leben und uns selbst erwarten können, bis hin zu dem Faktor, dass wir als soziale Wesen stark von unserem Umfeld beeinflusst sind. Wir übernehmen Einstellungen und Ansichten und können oft nicht trennen zwischen Eigenmeinung und (übernommener) Fremdmeinung.

Was wir in unserer Meinung von uns selbst natürlich nicht gerne sehen: Unsere Einstellungen beruhen tatsächlich überwiegend auf fremdem Einfluss! Wer kann schon von sich behaupten, einen wirklich neuen Gedanken geboren zu haben? Die mathematischen Gesetze, unsere Sprache, unsere überlieferten Wertvorstellungen, Ethik, Moral, – alles ist schon vor uns da gewesen.

Worin finden Sie Erfüllung?

Die Aufgabe besteht also darin herauszufinden, was Ihnen als Individuum tatsächlich für Ihr ganz persönliches Leben Erfüllung verspricht. Die folgenden beiden Übungen helfen Ihnen, sich selbst einzuschätzen und sich mehr Klarheit über Ihr inneres Wertesystem zu verschaffen.

Übung 2: Wichtig oder richtig?

Die folgenden Aussagen bieten Ihnen kleine Impulse über Sinn und Unsinn des Lebens und über Ihre eigene Lebenskonzeption. Bitte wählen Sie die Aussagen, denen Sie spontan zustimmen und ergänzen Sie die frei gehaltenen Stellen:

Stimmen Sie zu?	ja	nein
1. Im Leben dreht sich alles nur ums Geld.		
2. Die Schöpfung ist überwältigend, reich und gigantisch.		
3. Ohne Glauben könnte ich nicht leben.		
4. Religion ist einmal wöchentlich, und zwar sonntags.		
5. Jeder Tag ist wie der andere, außer Weihnachten und Geburtstag.		
6. Richtig leben kann ich nur im Urlaub.		
7. Weit und breit um unsere Erde befindet sich nur eiskalte Leere.		
8. Anderen zu helfen macht mir Freude.		
9. Wenn es eine Sache gibt, für die es sich zu leben lohnt, so ist das:		
10. Das letzte Mal, dass ich fernab von jeder Beleuchtung lange in den wolkenlosen Sternenhimmel geschaut habe, war:		
11. Manche dieser Sterne gibt es schon lange nicht mehr, aber ihr Licht ist immer noch unterwegs zu uns.		
12. Wir Menschen neigen dazu, uns viel zu wichtig zu nehmen.		
13. Alles auf der Welt strebt nach Harmonie und Vervollkommnung.		

Was Sie hier angekreuzt und eingetragen haben, ist individuell. Die folgenden Hinweise zu den obigen Aussagen mögen Ihnen weitere Anstöße geben:
1. Das kommt darauf an, welche Werte Ihnen sonst noch wichtig sind.
2. Das kann man tatsächlich so sehen.
3. Dann leben Sie Ihren Glauben.
4. Genau genommen von 10 bis 11 Uhr.

5. Jeder Tag ist eine neue Chance, etwas daraus zu machen.
6. Manche glauben, dass das richtige Leben im Fernsehen stattfindet.
7. Natürlich auch glühende Steine und Gase.
8. Das ist das Schöne am Helfen.
9. Ihre freie Wahl – jeder ist seines Glückes Schmied.
10. Hoffentlich gestern.
11. Und das noch viele tausend Jahre lang, mit über 1 Mrd. km/h.
12. Leider.
13. Darum nehmen Sie sich das Recht, es ebenfalls zu tun.

Übung 3: Ziele bewusst formulieren

Nun schreiben Sie auf, was Ihnen wirklich wichtig ist im Leben und was Sie gerne erreichen möchten. Aufschreiben deshalb, weil erst dadurch Ziele klar und konkret werden. Achten Sie dabei auf eine positive Formulierung. Schreiben Sie nicht: „Fehler vermeiden", sondern: „richtige/gute Entscheidungen treffen", wenn das Ihr Ziel ist.

Wenn Sie sich noch nicht sicher sind, wohin Sie im Leben wollen, beantworten Sie die folgenden Fragen:

Was würden Sie momentan rückblickend über Ihr Leben sagen?

_____

Was wünschen Sie sich, dass Sie zum Zeitpunkt Ihres Todes sagen werden?

_____

Was ist bis dahin zu tun?

_____

Wie wollen Sie das in der Ihnen verbleibenden Zeit realisieren?

_____

Was tun Sie jetzt schon dafür?

_____

Was nehmen Sie sich vor, dafür zu tun?

_____

Was wäre (anders), wenn Sie wüssten, dass Sie nur noch genau ein Jahr zu leben hätten?

_____

Wie viel Zeit bleibt Ihnen – rein statistisch gesehen?

Gilt für Männer: 84 Jahre* – Lebensalter = _____ Jahre

Gilt für Frauen: 87 Jahre* – Lebensalter = _____ Jahre

* Nach den neuen Sterbetafeln der PKV wird ein heute 40-Jähriger im Schnitt 83,7, eine Vierzigjährige 87,3 Jahre alt.

Setzen Sie sich realistische Ziele

Die nächste Frage, die Sie sich stellen müssen, lautet: Wie realistisch sind diese Ziele?

Beispiel

Sich ein Schlagzeug in den Keller zu stellen und von einer Weltkarriere als Schlagzeuger zu träumen, ist ziemlich unrealistisch. Ebenso werden wir nach einem ADAC-Sicherheitstraining keine Erfolge auf einer Rennstrecke einfahren können, oder aus heiterem Himmel zum Chef eines Unternehmens werden. Doch Ziele müssen gar nicht so hoch gesteckt sein. Mit einer Amateurband auf dem nächsten Fest für Stimmung zu sorgen, kann ein sehr erfüllendes Erlebnis sein. Im beruflichen Kontext: Wer einen gut gehenden Laden mit zufriedenen Kunden hat, wird sich glücklich schätzen, nicht das Leben eines Konzernbosses führen zu müssen.

Bei unseren Lebenszielen sollte unser Augenmerk daher besonders auf die Dinge gerichtet sein, die uns wirklich erfüllen, zu denen wir einen besonderen Draht haben. Der wirtschaftliche Erfolg mag dabei sogar von untergeordneter Bedeutung sein. Wer die Forschung liebt, schaut nicht darauf, ob er hundert Euro mehr oder weniger verdient. Und wer als Therapeut gerne mit Menschen umgeht, wird auch nicht jede Beratungsminute als Arbeitszeit abrechnen. Aber natürlich müssen wir alle unseren Lebensunterhalt bestreiten. Und völlig gleichgültig wird es sicher niemandem sein, ob er monatlich 500 Euro weniger oder mehr verdient. Dennoch werden Sie immer wieder Menschen begegnen, die nicht sonderlich gut verdienen, und die trotzdem ein gutes, reiches Leben führen. Auch hier spielen die Lebensziele eine wichtige Rolle.

Beispiel

Wer sein Glück im häuslichen, familiären Bereich mit Kindern findet, der braucht keinen Urlaub auf den Malediven. Wer gerne Radtouren macht, vermisst kein Luxusklasse-Auto, und wer sich sein Umfeld gerne selbst gestaltet, dem fehlt kein Einrichtungsberater.

Inwieweit berührt das alles unser Thema vom Handeln? Handeln braucht Ziele, an denen es sich orientiert, nach denen es strebt. Setzen wir unsere Ziele zu hoch an, geraten wir mit unserem Handeln leicht unter Stress und leiden unter den unausweichlichen Misserfolgen. Definieren wir unsere Ziele dagegen auf einem realistischen und erreichbaren Niveau, so erzielen wir schneller Erfolgserlebnisse und sind zufrieden. Das ist die Kunst der klugen Zielsetzung.

Tipp Zufriedenheit ist keine Frage des Reichtums, sondern der Übereinstimmung zwischen Wunsch und Realität.

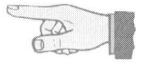

Daraus ergeben sich zwei Möglichkeiten, unsere Zufriedenheit zu steigern:
- Wir reduzieren unsere Wünsche bzw. verschieben unsere Prioritäten.
- Oder wir werden aktiv, um unsere Wünsche zu erfüllen.

Beste Ergebnisse erzielen wir natürlich, wenn wir beides zusammen tun: das mehr schätzen, was wir haben, und zugleich daran arbeiten, empfundene Defizite auszugleichen.

So finden Sie Ihre Ziele

Ging es zunächst darum, unsere eigenen Ziele überhaupt erst einmal zu erkennen, folgen nun drei weitere wichtige Schritte: erstens unsere Ziele von denen anderer Menschen zu trennen, zweitens zu prüfen, welche dieser Ziele für unser Leben besonders wichtig sind. Drittens müssen wir schließlich geeignete Maßnahmen festlegen, um unsere so definierten Ziele auch zu erreichen.

Fremdziele – eigene Ziele

Während manchen Menschen eine klare Zielsetzung fehlt, trauen sich andere keine eigenen Entscheidungen zu und machen es sich in der Fremdbestimmung bequem. Das ist wenig verwunderlich, denn niemand bringt uns bei, wie wir ein erfülltes, selbstbestimmtes Leben angehen. Stattdessen lernen wir von klein auf, nur das zu erbringen,

- was andere von uns erwarten,
- wozu wir gezwungen werden,
- wofür wir belohnt werden,
- wozu wir angetrieben werden,
- wozu wir verführt werden.

Ohne unser Zutun führt das zu einem weitgehend fremdbestimmten Leben, mit äußerem Druck und oftmals ohne erkennbaren Sinn. Die einfache und lebenswerte Alternative lautet, sich selbst aktiv zu managen. Dazu müssen wir lediglich bereit sein, die Verantwortung für unser Leben zu übernehmen und ein paar wichtige Zusammenhänge erkennen.

Wir haben gesehen: Das „Menü" für die Auswahl unserer Ziele existiert bereits. Bildlich gesprochen füllen wir, wenn wir unsere Ziele festlegen, so etwas wie einen „Lebens-Einkaufskorb": Wir wollen gesellschaftliche Anerkennung der Marke X, eine Portion Lifestyle *deluxe,* unsere Lieblingsorte Urlaubsträume, eine Dose Glaubensextrakt und ein passendes Familienkonzept. Dazu gehört auch unser persönlicher Karrierefahrplan. Auf dieser Grundlage entscheiden wir, was wichtig im Leben ist und welche Ziele sich lohnen. Je nachdem, wie weit unser Einkaufskorb dabei dem durchschnittlichen „Normeinkauf" entspricht, ergeben sich Übereinstimmungen oder Abweichungen in den Lebenszielen mit anderen Menschen. Das führt manchmal zu einem inneren Konflikt zwischen dem Bedürfnis nach Akzeptanz durch unser Umfeld und dem Bedürfnis nach Abgrenzung als Individuum. Je nach persönlicher Veranlagung sind Bereitschaft und Bedürfnis zu Abweichungen von der Norm unterschiedlich ausgeprägt. Prüfen Sie daher sorgfältig, wo Abweichungen von Ihrem Umfeld für Sie wichtig, notwendig oder unmöglich erscheinen.

Gerade wenn Abhängigkeiten bestehen, räumen wir den Zielen und Erwartungen von Menschen aus unserem Umfeld oft Vorrang ein. Entsprechend stellen wir unsere eigenen Ziele hinten an, meist mit dem Ergebnis, dass diese sich Jahre später bei uns zurückmelden und unseren Einsatz für ihre Erreichung einfordern. Sortieren Sie aus – welche Ziele sind wirklich Ihre ureigenen?

Übung 4: Meine Ziele – fremde Ziele

1. Welche Ziele anderer Menschen aus meinem Umfeld sind auch für mich wichtig?

_____

2. Welche Ziele anderer Menschen lehne ich für mich ab?

_____

3. Kann ich damit leben, die gleichen Ziele zu verfolgen wie mein Umfeld?

_____

4. Kann ich damit leben, andere Ziele zu verfolgen als mein Umfeld?

_____

5. Welche Ziele kann ich nur schwer anderen gegenüber vertreten?

_____

6. Bei welchen Zielen fällt mir dies leicht?

_____

In der folgenden Übung können Sie gleich prüfen, inwieweit Sie sich von fremden Einflüssen leiten lassen oder Ihren eigenen Weg gehen. Dabei geht es nicht darum festzustellen, ob Ihr Weg gut oder schlecht ist. Die Fragen geben Ihnen lediglich Hinweise darüber, wo Sie stehen.

Übung 5: Gehen Sie Ihren Weg?
Bitte kreuzen Sie die Aussagen an, denen Sie zustimmen:

1. Ich fühle mich verpflichtet, bestimmte Ziele zu erreichen.	
2. Es ist mir wichtig, dass Menschen aus meinem Umfeld mit meinen Vorstellungen übereinstimmen.	
3. In meinem Traumjob würde ich weniger verdienen.	
4. Meine momentane Situation ist von Sachzwängen bestimmt.	
5. Über meine Ziele habe ich mir bislang eher wenig Gedanken gemacht.	
6. Ich meine, die Erwartungen von ... (Eltern, Partner, Chef) erfüllen zu müssen.	
7. Große Veränderungen bringen nur mein Leben aus dem Gleichgewicht.	
8. Eigentlich würde ich lieber etwas anderes machen.	
9. Ich habe mich stets an meinen Freunden/meiner Familie/meinem Partner ... orientiert.	
10. Träume dürfen unrealistisch sein.	

Kommentare zu den einzelnen Aussagen finden Sie im Lösungsteil (Anhang).

Auswertung
Je mehr Sie hier angekreuzt haben, umso sorgfältiger sollten Sie an die Grundlagen gehen und Ihre Ziele definieren. Denn grundsätzlich verrät jede dieser Aussagen, dass Sie sich gerne davon abhalten (lassen), einen eigenen Weg zu verfolgen. Fehlt es Ihnen an Zuversicht und Selbstvertrauen, oder fühlen Sie sich äußeren Zwängen unterworfen? Vielleicht tun Sie jemandem einen Gefallen damit, seine Erwartungen an Sie bevorzugt zu erfüllen – es ist schließlich gesellschaftlich auch sehr anerkannt, anderen Gutes zu tun. Aber finden Sie bei all dem auch genügend Zeit und Energie für Ihren eigenen Weg?

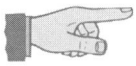

Tipp Wenn Sie sich selbst zu kurz kommen lassen, so schaden Sie damit nicht nur sich selbst, sondern letztlich auch Ihrem Umfeld.

Wenn Sie sich fremdbestimmt fühlen

Wenn Sie sich nicht frei fühlen in Ihrer Entscheidung oder Ihrem Vorgehen, sondern von Vorgaben eingeengt, mit denen Sie sich nicht identifizieren können, so befinden Sie sich vermutlich in innerer Auflehnung gegen fremde Anforderungen. Dies verhindert, dass Sie sich wirklich mit Ihrer Aufgabe identifizieren können. Innere Distanz und fehlendes Interesse blockieren Sie, engagiert an einer erfolgreichen Lösung mitzuwirken. Das gilt besonders, wenn Ihr Vorgesetzter die unschöne Angewohnheit hat, Sie zwar die Arbeit tun zu lassen, die Erfolge aber für sich allein beansprucht. Schlechte Voraussetzungen also für erfolgreiches Handeln: halbherzige Analyse, aufgeschobene Entscheidungen, entsprechend mager die Ergebnisse. Hier ist Ihre Durchsetzungsfähigkeit gefordert. Entweder Sie verhandeln mehr persönlichen Freiraum oder Sie suchen sich einen neuen Wirkungskreis.

Ein wichtiger Aspekt in diesem Zusammenhang ist der Begriff der Normalität. Aus Angst vor Ablehnung möchten wir in aller Regel möglichst konform mit der „Norm" gehen – und verwenden viel Energie darauf, den gesellschaftlichen Normen zu genügen. Wir möchten weder durch blaue Haare noch durch ein rostiges Auto oder ein unverputztes Haus auffallen und dadurch die Sympathien der Umgebung verlieren. Doch steckt nicht in jedem von uns der Wunsch, den „normalen" Weg auch mal zu verlassen?

Übung 6: Neue Wege gehen

Gibt es etwas, das Sie tun möchten, sich aber bisher nicht getraut haben, weil es nicht konform mit Ihrer Umgebung wäre? Vielleicht ärgern Sie sich insgeheim schon länger darüber, dass Sie das bisher nicht längst gemacht haben. Sind die Menschen mit eigenen Vorstellungen doch gerade auch diejenigen, die hohes Ansehen genießen. Notieren Sie hier, was Sie tun möchten, wenn Sie die Freiheit dazu haben – oder sich nehmen:

Ich will

_____

_____

_____

Wollen Sie Karriere machen?

Aber selbst, wenn Sie ganz frei Ihren Zielen folgen: Um Ziele zu verwirklichen, muss man bereit sein, Opfer zu bringen. So erfordern hoch gesteckte Karriereziele oftmals Einbußen hinsichtlich Gesundheit, Freizeit und Kontinuität, wird doch von vielen, die beruflich erfolgreich sind, fast unbegrenzter Einsatz, Verfügbarkeit und Flexibilität erwartet. Heute Tokio, morgen Singapur, und erst am Wochenende wieder zu Hause in Pusemuckel. Spannend? Ja, aber nicht jedermanns Sache. Denn für Familie oder Partnerschaft bleibt da nur wenig Zeit. Und der Erfolgsdruck wird umso größer, je höher man die Karriereleiter erklimmt.

Manche beruflichen Ziele lassen sich hingegen mit weniger Abstrichen realisieren – zum Beispiel einen kleinen Handwerksbetrieb auf dem Land zu führen, der zwar keine Reichtümer verspricht, aber doch ein Auskommen bietet, und neben dem noch ausreichend Zeit für Familie, Freunde und Hobbys bleibt. Das ist anderen wiederum zu wenig – zu wenig Anerkennung, zu wenig Geld, zu wenig Verantwortung.

Welchen Wert ein Ziel hat und welche Opfer man dafür gerne erbringt, sieht aber jeder anders. Die innere Einstellung, womit man sich zufrieden fühlt, spielt also eine entscheidende Rolle.

Tipp Überlegen Sie sich daher möglichst früh, worin für Sie die Werte im Leben liegen. In der Herausforderung, neue Märkte im internationalen Wettbewerb zu erschließen, oder in der beschaulichen Atmosphäre eines kleinen Küstendorfs? Wer beides will, läuft Gefahr, sich bei diesem Versuch zu zerreißen. Daher ist die Abstimmung der beruflichen mit den privaten Lebenszielen von großer Bedeutung.

Hinzu kommt: Als berufliche Ziele sind Spitzenpositionen wie Boxweltmeister, Bundespräsident und Aufsichtsratsvorsitzender eines internationalen Konzerns nur in sehr begrenzter Anzahl verfügbar. Untersuchungen haben zudem ergeben, dass es für elitäre Positionen weniger auf die fachlichen Erfolge eines Kandidaten und auch nicht auf den sonst starken Karrierefaktor des Bekanntheitsgrades ankommt, als vielmehr auf die Herkunft. Der zugrunde liegende Gedanke dabei: Wer in einer einflussreichen, mächtigen Familie aufgewachsen ist, hat von klein auf durch geeignete Vorbilder mit Macht umzugehen gelernt und natürliche Führungsqualitäten entwickelt, die sich später kaum erlernen lassen. Man bleibt also in den Führungsetagen im Großen und Ganzen gerne unter sich. Ein Grund mehr, sich keine zu hohen, unerfüllbaren Karriereziele zu setzen.

Suchen Sie die Killerkriterien

So bietet es sich an, seine beruflichen Ziele entsprechend den eigenen Fähigkeiten und Neigungen zu suchen. Dazu definieren Sie entweder Ihre Wünsche und Neigungen, oder Sie suchen nach den „Killerkriterien". Das können Sie gleich mit folgender Übung tun.

Übung 7: Killerkriterien für meine beruflichen Ziele

Bestimmen Sie, welche Opfer für Ihr berufliches Ziel ausscheiden. Die folgende Liste dient als Anregung. Notieren Sie anschließend Ihre eigenen Killerkriterien!

1. Regelmäßige, unbezahlte Überstunden
2. Bezahlte Überstunden
3. Berufsbedingt mehrere Wochen am Stück von der Familie getrennt sein, diese Situation bin ich nicht bereit, mehr als _____mal jährlich zu tolerieren.
4. Ich bewege mich maximal _____ Tage/Monat in relevanten Ausschüssen, Gremien, Tagungen.
5. Folgende Bereiche bin ich nicht bereit, einer erfolgreichen beruflichen Entwicklung zuliebe zu ändern/auf mich zu nehmen:
   - Wohnort
   - Arbeitsbereich
   - Abteilung
   - Qualifikation
   - zusätzliche Verantwortung
   - Einbußen im Einkommen
   - gesundheitliche Risiken
   - Zeitverluste für Wegstrecken
   - Zeitdefizite bei familiären Angelegenheiten
   - Zeitdefizite bei persönlichen Interessen
6. Ich will mich nicht ständig fortbilden müssen.
7. Reisetätigkeiten scheiden aus.
8. Ich möchte nichts machen, was mit Schmutz verbunden ist.
9. Ich möchte nicht gezwungen sein, jeden Tag im Anzug zu erscheinen.
10. Ich möchte nicht täglich 8 Stunden am Bildschirm sitzen.

Meine Killerkriterien:

1.

_____

2.

_____

3.

_____

4.

_____

5.

_____

Dieses Vorgehen eignet sich in Kombination mit Wunschlisten zur Eingrenzung der Möglichkeiten. Nachteil: Ab einer bestimmten Anzahl von Ausschlusskriterien bleiben kaum noch Möglichkeiten übrig.

Beachten Sie also die mit Ihren angestrebten Zielen verknüpften Bedingungen. Karriere machen bedeutet neben mehr Einkommen, mehr Einfluss und höherem Status eben auch: mehr Arbeit, mehr Verantwortung, mehr Stress, weniger Freizeit, weniger Fachaufgaben, mehr Führungsaufgaben. Das ist im privaten Bereich nicht anders: Wenn wir eine Familie möchten, dann wünschen wir uns zunächst Geborgenheit, Sicherheit und Freude am Familienleben mit gemeinsamen Kindern. Wer denkt schon daran, dass Familie eben auch bedeutet: weniger Ruhe, mehr Verpflichtungen, mehr unterschiedliche Meinungen und Bedürfnisse, mehr Auseinandersetzungen, mehr Sorgen und weniger Zeit für sich.

Übrigens: Unzufriedenheit mit den eigenen Problemen kann dazu führen, dass wir nur das sehen, was andere Menschen haben, wir aber nicht, und uns daher eine andere Identität wünschen. Machen Sie sich jedoch bewusst, dass niemand immer nur glücklich ist. Jeder hat sein „Päckchen" zu tragen. Wir können uns zwar von anderen Lebenskonzepten anregen lassen, aber leben können wir nur das eigene.

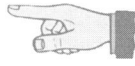

Tipp Es gibt keine ideale Persönlichkeit, jede Stärke ist in anderer Hinsicht auch eine Schwäche. Ebenso gibt es kein allgemeines Lebensideal, dieses kann nur individuell definiert werden. Jedes Lebenskonzept fordert eigene Zugeständnisse. Daher ist es wichtig, eine große Übereinstimmung von Persönlichkeit und Zielen zu erreichen.

Bestimmen Sie Ihre Stärken und Schwächen

Bei unseren Karrierezielen stellt sich die Frage, worin eigentlich unsere wirklichen Stärken und Schwächen liegen. Machen Sie dazu als Erstes einen Test.

Übung 8: Wie schätze ich mich ein?

Angenommen, Sie sind Abteilungsleiter und möchten nicht immer auf einer Gehaltsstufe stehen bleiben. Die höchste Stufe in Ihrem Unternehmen ist die des Direktors. Welche der folgenden Aussagen könnte am ehesten von Ihnen stammen? Suchen Sie bis zu drei davon aus, die am besten zu Ihnen passen.

1. Ich wäre gerne Direktor.
2. Ich könnte mir vorstellen, eines Tages Direktor zu sein.
3. Ich möchte gerne Direktor werden.
4. Ich will Direktor sein.
5. Ich bin der geborene Direktor.
6. Ich wäre ein guter Direktor.
7. Ich und Direktor?
8. Ich bewundere Leute, die Direktor werden wollen.
9. Ich werde mir die Qualifikationen eines Direktors aneignen.
10. Ich bereite mich auf meine Zukunft als Direktor vor.
11. Ich trage ohnehin schon die Verantwortung eines Direktors.
12. Ich wollte immer schon Direktor werden.

Auswertung
Bei dieser Übung ging es in erster Linie um die persönliche Einstellung. Sie steht hinter allen Aktivitäten und lenkt unseren Lebensweg auf subtile Art, indem sie die Möglichkeiten von vornherein sondiert und dadurch eine Vorentscheidung trifft – manchmal berechtigt, manchmal blockierend. Was sagen nun Ihre Antworten aus?
Ich wäre gerne Direktor ..., aber offenbar deckt sich diese Vorstellung nicht mit Ihrer Einschätzung der Lage oder Ihrer persönlichen Eignung.

Wenn Sie es wirklich wollen, dann arbeiten Sie daran: Schaffen Sie Schritt für Schritt die Voraussetzungen, dass Sie Direktor sein können. *Ich könnte mir vorstellen, eines Tages Direktor zu sein ...*, aber das ist natürlich reine Theorie. Selbst die Vorstellung bleibt schon im Konjunktiv stecken. Ich könnte, wenn ich nur wollte ... eines Tages – weit weg von aller Realität. Entscheiden Sie lieber, ob und wie Sie tätig werden, wenn Sie Ziele haben.

Ich möchte gerne Direktor werden ..., aber offensichtlich benötigen Sie dazu die Erlaubnis einer Genehmigungsinstanz. Sie stellen einen Antrag: „Ich möchte gerne ...". Dieser wird eingereicht und im Glücksfall bewilligt. Dann wären Sie Direktor. Aber so funktioniert das nicht.

Ich will Direktor sein ..., aber nicht erst mühsam werden? Das Ziel ist attraktiv, aber wie sieht es mit der Bereitschaft aus, den Weg dorthin ausdauernd zu beschreiten?

Ich bin der geborene Direktor. An Selbstbewusstsein mangelt es Ihnen offenbar nicht, hoffentlich auch nicht an Realitätssinn! Wenn Sie sich mit der Position gut identifizieren können, ist das natürlich positiv. Erfüllen Sie nun noch die Management-Qualifikationen, sollten Sie Ihr Ziel auch erreichen.

Ich wäre ein guter Direktor. Sie haben hohe Ansprüche an Ihre Leistungen. Es ist weniger die Position und die Geltung nach außen, die Sie reizt, als vielmehr die Verantwortung und die Möglichkeit, Dinge zum Positiven zu bewegen. Jetzt geht es darum, Ihre Vorstellungen erfolgreich umzusetzen.

Ich und Direktor? Das können Sie sich anscheinend kaum vorstellen. Andererseits haben Sie Interesse an Ihrer persönlichen Entwicklung, sonst würden Sie dieses Buch nicht lesen. Also was nun: Karriere oder nicht, oder schon, aber nicht bis zum Direktor?

Ich bewundere Leute, die Direktor werden wollen. Die Position eines Direktors ist Ihnen offenbar sympathisch, aber zugleich haben Sie eine zu große innere Distanz zu diesem Job, als dass Sie sich damit identifizieren würden. Lieber bewundern Sie andere, die sich dieses Ziel zu eigen machen. Definieren Sie Ihre Karrierepläne und Ihre Lebensziele gründlich.

Ich werde mir die Qualifikationen eines Direktors aneignen. Wenn Sie es vorhaben, warum tun Sie es nicht schon bereits? Werden Sie diesen Satz nächstes Jahr genau so wiederholen? Dinge, die getan werden müssen, sollten Sie nicht aufschieben, sondern hier und jetzt anpacken. Alles andere sind Phantasien.

Ich bereite mich auf meine Zukunft als Direktor vor. Sie sind ein gründlicher, planvoller Mensch, der klare Ziele hat und diese Schritt für Schritt konsequent verfolgt. Sie sollten kein Problem haben, diese auch zu erreichen, wenn Sie ebenso gut umsetzen wie planen können. Sehr hilfreich auch Ihre klare Identifikation: „meine Zukunft als".

Ich trage ohnehin schon die Verantwortung eines Direktors. Sie sind der unermüdliche gute Geist, der weit über seine Position hinaus tätig ist und eigentlich schon lange befördert gehört. Aber vor lauter Arbeit kamen Sie nie dazu, sich darüber mit der Geschäftsleitung zu unterhalten. Mag auch sein, dass man auf Ihre Schaffenskraft in der jetzigen Position nur ungern verzichten möchte.

Ich wollte immer schon Direktor werden. Das spricht für eine konstante Zielfixierung. Allerdings stellt sich auch die Frage, warum man es dann immer noch nicht geworden ist. Womöglich war es gar nicht die eigene Idee, sondern eine, die man schon früh übernommen hat, weil das Umfeld das gut fand.

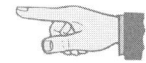

> **Tipp** Um ein klares Bild von den eigenen Zielen zu bekommen, fertigen Sie eine Liste an mit allem, was Sie sich vom Leben erwarten. Formulieren Sie dabei Ihre Ziele möglichst konkret: „Haus mit Pool auf Mallorca" ist besser als: „reich sein". Schreiben Sie „Senior General Manager Finance" statt: „Beförderung". Und bitte zensieren Sie Ihre Einfälle nicht! „Straußenfarm im Hunsrück" ist nicht notwendigerweise ein unsinniges oder unrealistisches Ziel. Lassen Sie zunächst alles zu.

Erstellen Sie ein Werteprofil

Wenn Sie sich hinsichtlich Ihrer Ziele noch nicht so ganz sicher sind, dann nutzen Sie die folgende Tabelle, in der Sie Ihr persönliches Werteprofil erstellen. Damit können Sie erkennen, welche Aspekte Ihnen ganz besonders wichtig sind. Daraus wiederum ergibt sich, welche Ziele wirkliche Bedeutung für Sie haben.

Übung 9: Welche Werte sind mir wichtig?

In der linken Spalte der Tabelle finden Sie verschiedene Werte aufgelistet. Vergeben Sie für jeden Wert Noten von 1 bis 5, je nachdem, ob dieser Aspekt für Sie zentrale Bedeutung hat oder völlig unwichtig ist.

Aspekt	Bewertung				
	zentral wichtig 1	wich- tig 2	mittel wichtig 3	weniger wichtig 4	un- wichtig 5
Anerkennung					
Aufgeschlossenheit					
Ausdauer					
Beständigkeit					
Effektivität					
Ehrgeiz					
Ehrlichkeit					
Eigenverantwortung					
Einfluss					
Einkommen					
Engagement					
Erfahrung					
Erfolg					
Familie					
Flexibilität					
Freiheit					
Freude					
Freundlichkeit					
Freundschaft					
Fürsorge					
Genauigkeit					
Genuss					
Harmonie					
Intelligenz					
Intuition					
Karriere					
Kompetenz					

Aspekt	Bewertung				
	zentral wichtig 1	wich- tig 2	mittel wichtig 3	weniger wichtig 4	un- wichtig 5
Kreativität					
Liebe					
Loyalität					
Offenheit					
Macht					
Menschlichkeit					
Mut					
Partnerschaft					
Pflichterfüllung					
Prestige					
Prinzipientreue					
Respekt					
Risikobereitschaft					
Selbstverwirklichung					
Sicherheit					
Souveränität					
Sparsamkeit					
Tatkraft					
Toleranz					
Tradition					
Unabhängigkeit					
Verständnis					
Vertrauen					
Vielseitigkeit					
Wissen					
Zuverlässigkeit					

Konzentrieren Sie sich auf Ihre Kernkompetenzen, denn Wichtigkeit, Fähigkeit und Erfolg stehen in einem engen Zusammenhang. Besonders die Werte, denen Sie eine Eins gegeben haben, sollten sich in Ihrer Lebensplanung wiederfinden. Sie entscheiden dabei, ob Sie einen wichtigen Aspekt lieber beruflich oder privat leben wollen.

Beispiel

Heike L. empfindet den Aspekt der Fürsorge als sehr bestimmend in ihrem Leben. Sie kann dieses Bedürfnis privat mit Kindern und einem (hilfsbedürftigen) Partner erfüllen. Oder sie macht Fürsorge zu ihrer „Berufung" und widmet sich (zusätzlich) einem pflegenden, helfenden Beruf. Ihre Schwester Heidrun dagegen konnte schon als Kind nicht genügend Bücher verschlingen, alles interessiert sie. Ihrem Wissensdrang kann sie nun als private Leidenschaft nachgehen und sich eine außergewöhnliche Allgemeinbildung aneignen, oder sie macht Wissen in einem entsprechenden Beruf zu ihrer Profession.

Nahe Ziele, ferne Ziele

Um aus Ihrem Werteprofil entsprechende Ziele abzuleiten, gilt es noch, die Frage des Horizontes zu klären. Wie weit dürfen Ziele gesteckt sein? Nahe Ziele bieten den klaren Vorteil, dass man sie relativ schnell erreicht und damit bereits ein Erfolgserlebnis verbuchen kann. Das motiviert, sich gleich ein Folgeziel zu setzen. Nachteil: Die Versuchung ist groß, sich auf den Lorbeeren des kleinen Erfolgs auszuruhen. Allzu leicht reden wir uns ein, dass wir das Fernziel ebenso erreichen könnten, wenn wir wollten oder wenn die Zeit dafür reif wäre. So bleibt man vor den eigenen Augen stets der Sieger, obwohl man eigentlich nur ein Spiel gewonnen hat – alle übrigen hat man abgesagt. Doch dafür wird auch im Sport niemand zum Meister.

Der Vorteil von weitgesteckten Zielen liegt darin, dass Sie zwar oft Abstriche machen müssen vom eigentlichen Vorhaben. Dann sind Sie jedoch in der Regel weiter gekommen, als wenn Sie sich nur bescheidene, nahe Ziele setzen. Erinnern Sie sich an Forrest Gump, gespielt von Tom Hanks? Er beginnt zu laufen, dieses Laufen wird für ihn zum Inhalt. Er läuft und läuft und kann nicht mehr damit aufhören, bis er schließlich durch die ganzen USA joggt und dadurch plötzlich berühmt wird. Der Film zeigt symbolisch, wie stark Ziele unser Leben verändern können, wenn wir uns nur wirklich mit ihnen identifizieren und sie konsequent verfolgen.

Tipp Setzen Sie sich große Ziele mit visionärem Charakter – etwas, das Sie bewegt und erfüllt, etwas, mit dem Sie sich richtig identifizieren können. Definieren Sie aber auch die kleinen Schritte und Zwischenziele auf dem Weg dorthin. Diese Zwischenziele sollten überschaubar und erreichbar sein. Jedes Zwischenziel kann Sie beim Erreichen motivieren, auf Ihrem Weg weiter zu gehen, und zeigt Ihnen an, dass Sie sich Ihrem Hauptziel wieder etwas genähert haben.

Dazu können Sie die zwei folgenden Übungen machen, in denen Sie Ihre Hauptziele und Nebenziele definieren oder über eine Bewertung Ihrer Ziele Ihre Prioritäten setzen.

Übung 10: Meine Ziele in verschiedenen Lebensbereichen

Definieren Sie hier Ihre eigenen Ziele. Und zwar unterschieden nach Haupt- und Nebenzielen. Dazu hilft die folgende Tabelle:

Bereich	Hauptziel	Nebenziele
Familie		
Partnerschaft		
Beruf		
Hobbys, Interessen		
Soziale Kontakte, soziales Engagement		
Gesundheit, Fitness		
Finanzen		
Fähigkeiten, Kenntnisse, persönliche Entwicklung		

Wenn Sie sich nicht sicher sind, welche Ziele für Sie oberste Priorität haben sollen, dann machen Sie folgende Übung.

Übung 11: Ziele bewerten

Tragen Sie alle Ziele, die Sie erreichen möchten, einfach ungeordnet in die nachfolgende Tabelle ein. Dann notieren Sie in der zweiten Spalte, was Sie sich von der Erreichung des Ziels versprechen: z. B. besseres Gehalt, Wohlbefinden, mehr Glück, Spaß, höheres Ansehen, mehr Sicherheit ...
Abschließend bewerten Sie die Ziele mit Schulnoten.

Ziel	Erwartetes Ergebnis	Bewertung

Beispiel

In einer Führungsposition werden Sie sich meist mit einem der beiden Hauptziele beschäftigen: Verbesserung der Ausgangslage (Defizite beheben, Bestehendes verbessern) oder Sicherung der Zukunft (Abwehr drohender Gefahren). Andere Ziele werden dementsprechend von untergeordneter Bedeutung sein.

Was bedeuten Ihnen Ihre Ziele?

Im letzten Schritt Ihrer Zielsetzung prüfen Sie Ihre Ziele und Erwartungen hinsichtlich der Übereinstimmung mit Ihrer persönlichen Ausrichtung. Ihr Werteprofil aus Übung 9 sollte sich in Ihren Hauptzielen widerspiegeln. Sind die als besonders wichtig genannten Werte gebührend in Ihren Zieldefinitionen berücksichtigt? Wenn hier größere Unterschiede bestehen, gehen Sie noch mal in sich und prüfen Sie, welche Ziele tatsächlich aus Ihnen selbst heraus kommen und welche Sie übernommen haben. Vergessen Sie nicht, dass Sie mit Ihren Zielen die Grundlage für alle weiteren Schritte legen. Ihr Erfolg im Leben hängt maßgeblich davon ab, wie stark Sie sich mit Ihren Zielen identifizieren können und welche Motivation Sie daraus entwickeln.

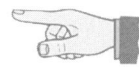

Tipp Wenn die Bedeutung eines Zieles nicht wirklich wichtig ist, streichen Sie es von Ihrer Liste, denn dann ist es kein wirkliches Lebensziel, sondern eine Träumerei.

In Büchern und Seminaren wird übrigens häufig der Eindruck erweckt, dass man alles, was man will, auch erreichen *muss*. Das bedarf einer kleinen Korrektur: Ihre Chancen etwas zu erreichen sind am größten, wenn Sie etwas *wirklich* wollen. Sie schaffen sich durch den Willen einen inneren Antrieb, der Sie in der richtigen Richtung vorwärts bringt. So kommen Sie Ihren Zielen näher. Der Wille macht Sie zudem stark gegenüber Widrigkeiten und Rückschlägen.

Legen Sie Maßnahmen fest

Im dritten Schritt überlegen Sie sich konkrete Aktionen, die zum Erreichen der Ziele erforderlich sind. Stellen Sie alle Maßnahmen zusammen, die der Zielerreichung dienen könnten, und wählen Sie daraus diejenigen Handlungen aus, die Ihnen am vielversprechendsten scheinen. Achten Sie auch auf mögliche Synergien; vielleicht beeinflussen manche Maßnahmen mehrere Ihrer Ziele zugleich, wie etwa dass Laufen die Fitness verbessert und zugleich die Zufriedenheit steigert.

Anschließend erstellen Sie einen realistischen Zeitplan, nach dem Sie die Schritte unternehmen und die Ziele erreichen werden – *werden*, nicht *wollen!* Machen Sie Ihre Entscheidungen wichtig. Die damit verbundenen Termine übernehmen Sie natürlich als dringende Pflichtpunkte in Ihren Terminkalender und werden sie selbstverständlich auch nicht streichen oder verschieben.

Tipp Geben Sie sich genügend Zeit, um Ihre Ziele ohne Zeitnot erreichen zu können. Aber geben Sie sich auch nicht zu viel Zeit, das könnte Sie zum Aufschieben verleiten. Ein realistischer Zeithorizont lässt sich eingrenzen durch die beiden Zeiträume, die Sie als „mehr als ausreichend" und als „zu knapp" empfinden. Wählen Sie einen Zeithorizont irgendwo dazwischen. Die Hauptsache ist, dass Sie sich an dieses zeitliche Ziel halten.

Die Themen Zeitmanagement, Pünktlichkeit, Prioritäten und Stress werden in späteren Lektionen noch detaillierter behandelt.

Beispiel: Zielplanung

Die Tabelle zeigt ein Beispiel für berufliche, persönliche und familiäre Ziele mit entsprechenden zeitlichen Horizonten. Manche Ziele sind unabhängig voneinander, wie z. B. „abnehmen" und „mehr schlafen". Andere bedingen sich: Reisetätigkeit und Vertriebsleiter für Asien. Die Bedeutung der einzelnen Ziele wird durch deren Wertung entsprechend Übung 9 in Noten ausgedrückt: 1 für „zentral wichtig" bis 5 für „unwichtig".

	beruflich	persönlich	familiär
Meine Ziele			
1. Ziel	Vertriebsleiter Entwicklung für Europa und Asien	Abnehmen	2 Kinder
Wertung:	2	3	2
2. Ziel	Reisetätigkeit	Fitness steigern	eigenes Haus im Schwarzwald
Wertung:	1	2	3
3. Ziel	wenig Personalführung	mehr schlafen	Mutter unterstützen
Wertung:	3	2	2
4. Ziel	mehr Marketing		eigene Pferde
Wertung:	2	3	4
Erforderliche Schritte:	Umsatzzahlen steigern	Ernährungsberatung aufsuchen	Ziele mit Partnerin abstimmen
	Innovative Ideen einbringen	Ruderclub kontaktieren	Immobilienanzeigen studieren
	Mitarbeiter motivieren	spätestens um 23 Uhr schlafen gehen	Finanzmittel bereitstellen
	Aufstiegsmöglichkeiten recherchieren		regionalen Pferdemarkt besuchen
1. Etappenziel:	Weiterbildung, Schulungen	angefangen haben	gemeinsame Familienplanung
erreicht bis:	nächsten Sommer	nächste Woche	nächsten Monat
2. Etappenziel:	Aufbaustudium	3 mal wöchentlich Rudertraining	Finanzierungsplanung erstellen
erreicht bis:	bis in drei Jahren	nächsten Monat	in zwei Monaten
Fernziele:	7000 Euro mtl.	Gewicht halten	Haus in 4-5 Jahren

Und nun legen Sie Ihre Hauptziele fest! Achten Sie darauf, Ihre Ziele und Maßnahmen attraktiv zu definieren. Also zum Beispiel nicht „Rauchen aufgeben", sondern: „Gesünder leben ohne Nikotin". Im ersten Fall definieren Sie eine leidige Verpflichtung mit vorprogrammierten Hindernissen, im zweiten ein positiv belegtes Ziel.

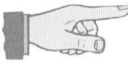

Tipp Auch der „Lustfaktor" ist eine nicht zu unterschätzende Größe bei der Verfolgung unserer Ziele. Entsprechend sollten Sie sich darauf konzentrieren, Ihre Stärken zu fördern anstatt Ihre Schwächen zu bekämpfen. Denn es macht einfach mehr Freude, etwas zu entwickeln als etwas abzubauen.

Übung 12: Ziele bestimmen, Maßnahmen festlegen
Welches sind meine obersten Ziele? – Tragen Sie hier ein, was Sie persönlich in der Zukunft erreichen wollen.

Meine Ziele			
1. Ziel			
Wertung:			
2. Ziel			
Wertung:			
3. Ziel			
Wertung:			
4. Ziel			
Wertung:			
5. Ziel			
Wertung:			

Meine Ziele			
Erforderliche Schritte:			
1. Etappenziel:			
erreicht bis:			
2. Etappenziel:			
erreicht bis:			
Fernziele:			
erreicht bis:			

Möglicherweise ergeben sich aus Ihrer Zieldefinition Abhängigkeiten, etwa, dass Sie das eine erst beginnen können, nachdem das andere geleistet ist. Das Hauptziel kann dadurch in weite Ferne rücken, viele Etappen mögen den Mut dämpfen. Aber immerhin kennen Sie den Weg und wissen um Ihren Erfolg, wenn Sie eines nach dem anderen erledigen. Und schließlich: Auch die weiteste Reise beginnt mit dem ersten Schritt.

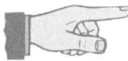

Tipp Gehen Sie strategisch vor: Bauen Sie Ihre Teilziele geschickt aufeinander auf, kombinieren Sie Ziele, die Ihnen mehr Freude machen mit Zielen, die einfach nur notwendig sind. Beide Arten von Zielen bewirken besonders eines, wenn wir sie erreichen: Zufriedenheit und Selbstwert. Und das gibt uns neue Kraft und neuen Mut, die nächsten Ziele anzusteuern.

Vielleicht haben Ihre beruflichen Ziele momentan Vorrang, dann übergehen Sie die Spalten „persönlich" und „familiär" einfach. Konzentrieren Sie Ihre Energie auf einen Bereich, dann werden Sie vermutlich entsprechend schnell vorankommen. Beachten Sie aber, dass alles seine Zeit braucht und sich nichts erzwingen lässt. Und gönnen Sie sich genügend Ausgleich, ansonsten drohen Stress-Überhang und Burn-out. Sorgen Sie für ein ausgewogenes Verhältnis von Engagement und Entspannung – beruflich wie privat.

Ziel erreicht?

Irgendwann stellt sich die Frage, ob Sie dem Ziel noch weiter folgen sollen, oder ob es damit nun schon gut ist. Mit anderen Worten: Sie brauchen Kriterien für die Zielerreichung. Sonst sagen Sie sich nach zwei Monaten: „Ziel erreicht, Rauchen abgewöhnt" – und fangen bald darauf wieder an. Damit wird der ganze Erfolg nachträglich wieder aufgehoben.

Daher ist es in vielen Fällen sinnvoll, Kriterien für die Zielerreichung festzulegen: Woran erkennen wir, dass das Ziel tatsächlich erreicht ist? Setzen Sie solche Kriterien, nur dann können Sie auch einen Erfolg (oder Misserfolg) definieren.

Beispiel

Sie wollen Ihre Fitness steigern. Als Maßnahmen haben Sie Schwimmen und Radfahren gewählt. Sie betreiben beides eine Weile, dann kommt Ihnen immer häufiger etwas dazwischen. Außerdem haben Sie Ihre Fitness inzwischen garantiert schon gesteigert. Also haken Sie die Aktion unter „Ziel erreicht" ab und fallen in den alten Schlendrian zurück, nehmen wieder zu und schlaffen ab. Wenn Sie dagegen einen Maßstab setzen, wie zum Beispiel „Ich kann 10 Bahnen in 10 Minuten schwimmen" oder „Mit dem Rad schaffe ich 18 Kilometer innerhalb einer Stunde", dann haben Sie stets das Kriterium an der Hand: Bin ich fit, oder lässt die Form wieder nach? Der angenehme Nebeneffekt: Solche Vorgaben motivieren!

Übung 13: Ziel erreicht?

Definieren Sie für Ihre bereits erklärten Ziele (oder übungshalber für die vorgegebenen Beispiele) geeignete Kriterien, die Ihnen Aufschluss darüber geben, wie weit Sie Ihre Ziele bereits erreicht haben.

Ziel	Kriterium
Teamleiter	
Fremdsprache lernen	
Fitness steigern	
mehr Zeit für die Familie	
weniger naschen	
Ihre Ziele:	

Am Ende dieser Lektion wissen Sie, welches Ihre Hauptziele für die wichtigen Lebensbereiche sind und welche Ziele eine untergeordnete Rolle spielen. Sie haben Ihre eigenen Ziele von denen anderer Menschen unterschieden und Sie haben zielführende Maßnahmen definiert, um diese zu erreichen. Für die Bewertung der Zielerreichung haben Sie geeignete Kriterien gewählt. Ein realistischer Zeithorizont und die Unterteilung in Etappen mit Teilzielen helfen Ihnen dabei, auch bei „großen" Zielsetzungen durch Teilerfolge die Motivation zu behalten, und so Ihren Lebenszielen Schritt für Schritt näher zu kommen.

Lektion 3: Entscheiden statt leiden

*Mit sorgfältiger Vorbereitung und soliden
Instrumenten bekommen Sie die nötige Sicherheit,
gute Entscheidungen zu treffen. Doch was, wenn Sie
schnell entscheiden müssen? Und wann dürfen,
ja sollen Sie auf Ihren Bauch hören? Hier lernen Sie,
sowohl spontan als auch analytisch vorzugehen.*

Zwischen unseren Zielen und dem Umsetzen geeigneter Maßnahmen hat eine höhere Macht den Akt der Entscheidung gesetzt. Bevor wir uns nicht entschieden haben, wissen wir nicht, was wir tun sollen. Wir sind ratlos, wie wir unsere Ziele erreichen können. Damit ein solcher Zustand uns nicht lähmt, müssen wir uns für eine Alternative entscheiden. Wenn wir uns für keinen Weg entscheiden können, verlieren wir sozusagen den Zugang zu unseren Zielen und leiden unter der Situation, unsere Lage nicht im Griff zu haben.

Die logische Kette vom Ziel zur Entscheidung

Erfolgreiches Handeln erfordert eine ganze Reihe von aufeinander aufbauenden Elementen:

- Wenn Sie entschlossen und überzeugt handeln wollen, müssen Sie zu einer fundierten Entscheidung über geeignete Maßnahmen gelangen.
- Ihre Entscheidung muss auch kontroverser Kritik standhalten können.
- Dafür muss die Entscheidung bewertbar sein.
- Für die Bewertung brauchen Sie Kriterien.
- Diese Kriterien geben Aufschluss über den Zielerreichungsgrad der Maßnahmen.
- Dafür wiederum muss das Ziel eindeutig definiert sein.

Diese logische Kette anders herum formuliert bedeutet:

- Ohne Ziele keine Kriterien zur Zielerreichung.
- Ohne Kriterien keine Bewertung möglicher Maßnahmen.
- Ohne Bewertung keine qualifizierte Entscheidung.
- Ohne fundierte Entscheidung kein überzeugtes Handeln.
- Ohne Überzeugung kein Erfolg.

Macher sind Macher, weil sie Entscheider sind. Sie haben den Mut, zu entscheiden, wo es in Zukunft lang gehen soll. Solche Entscheidungen haben oft weitreichende Konsequenzen.

Spontan richtig entscheiden

Unser Alltag ist voller kleiner Entscheidungsmomente: Stehe ich schon auf oder lasse ich den Wecker erst noch drei Mal klingeln? Was soll ich kochen? Rufe ich heute meinen Kunden an oder hat das Zeit bis morgen?

Welche Grundeinstellung leitet uns in solchen Situationen? In der Einstiegsübung von Lektion 1 ging es um Ihr Überleben als Schiffbrüchiger. Sie erinnern sich an die verschiedenen Aktionstypen?

Ihr Schwerpunkt lag bei Typ _____, der/die

_____ (bitte eintragen).

Wissen Sie auch noch, wie leicht oder schwer Ihnen die Entscheidung für eine bestimmte Handlung gefallen ist? Schließlich hatte ja jede Alternative ihre Vorzüge. In dieser Lektion erfahren Sie mehr über Ihre Entscheiderqualitäten.

Beginnen wir mit den spontanen Entscheidungen, denn vieles im Leben muss heute unter großem Zeitdruck entschieden werden.

Beispiel

Schlage ich auf die Wette ein oder ist mir das damit verbundene Risiko zu groß? Erhöhe ich kurz vor Auktionsschluss noch mein Gebot? Erreiche ich die U-Bahn noch, wenn ich jetzt losrenne?

Solche Situationen verlangen von uns eine spontane Reaktion, sonst ist es zu spät und wir haben wieder mal einen Zug oder eine Chance verpasst.

Die nachfolgende Übung trainiert das schnelle Entscheiden. Manches werden Sie wissen, anderes werden Sie intuitiv entscheiden, anderes wiederum glauben, schon einmal gehört zu haben. Egal, worauf Sie Ihre Entscheidung gründen: Bleiben Sie innerhalb der vorgegebenen Zeit!

Übung 14: Schneller entscheiden

Entscheiden Sie möglichst zügig, welche der folgenden Aussagen richtig, welche falsch sind, und kreuzen Sie die Lösung an. Für jede Frage haben Sie maximal 5 Sekunden Zeit; Gesamtdauer der Übung: 1 Minute. Lassen Sie eine Stoppuhr mitlaufen. Halten Sie die Stoppuhr zwischendurch nicht an. Notieren Sie am Schluss Ihre Gesamtzeit.

	ja	nein
1. Eine Langspielplatte hat von außen nach innen etwa 700 Rillen.		
2. Seit 1988 hat Deutschland 16 Bundesländer.		
3. Der 20. Buchstabe im Alphabet ist das U.		
4. Ein dreibeiniger Tisch kann nicht wackeln.		
5. Unsere Sonne besitzt 12 Planeten.		
6. Pferde gehören zu den Paarhufern.		
7. Unser Strom aus der Steckdose hat eine Frequenz von 65 Hertz.		
8. In Japan gilt Rechtsfahren.		
9. Es ist eine Schande, dass Tiere in Forschungslabors getötet werden.		
10. Das Bild auf unserer Netzhaut steht auf dem Kopf.		
11. Für die Bepflanzung einer Allee von 500 Metern Länge brauche ich 50 Bäume, wenn alle 20 Meter ein Baum stehen soll.		
12. Grönland ist die größte Insel der Erde.		

Ihre Zeit: _____

Die Auflösung finden Sie im Anhang.

Auswertung

Die Antworten erfordern teilweise den berühmten Mut zur Lücke. Wie leicht oder schwer ist es Ihnen gefallen, Dinge zu beantworten, bei denen Sie sich nicht sicher waren? Daraus ersehen Sie Ihre persönliche Fähigkeit, auch aus einer Unsicherheit heraus zu entscheiden. Aus Ihren Antworten können Sie aber auch weitere Erkenntnisse gewinnen:

Konnten Sie viele Fragen richtig beantworten, so verfügen Sie offenbar über ein gutes Allgemeinwissen. Dieses hilft Ihnen, sich auch dann schnell zu entscheiden, wenn Sie die Antwort nicht wirklich kennen. Vieles lässt sich aus anderen Bereichen übertragen und für die spezielle Aufgabenstellung adaptieren.

Wie lange haben Sie für die Beantwortung gebraucht? Haben Sie alle Fragen innerhalb der Zeitvorgabe beantwortet? Auch wenn die Antworten sich als falsch erweisen sollten, so haben Sie doch spontane Entscheidungskraft bewiesen. Wenn Sie sich mit den Fragen zu lange aufgehalten haben, sind einzelne Punkte unbeantwortet geblieben. Gleiches gilt, wenn Sie das Zeitlimit überzogen haben, um alle Fragen beantworten zu können.

Weiterhin erfahren Sie in dieser Übung etwas über Ihre Intuition: Hat Ihre Ahnung Sie gut beraten, wenn Sie etwas nicht wussten? Wie gut können Sie sich darauf verlassen, Ihrem Instinkt zu folgen?

Und schließlich sehen (nur) Sie, wie es um Ihre Konsequenz steht. Haben Sie sich einen kleinen Zeitzuschlag gegönnt oder haben Sie nach einer Minute wirklich abgebrochen? Mehr zum Thema Konsequenz finden Sie in Lektion 5.

Entscheidungen treffen – mit Verstand und Gefühl

Bei unseren Entscheidungen können wir uns nicht nur auf unseren Verstand und unsere Erfahrungen verlassen. Ein guter Teil wird von Gefühlen und unserer Intuition geleitet. Und schließlich wird die Entscheidung von unserem Gewissen als Kontrollinstanz auf ihre Tragfähigkeit geprüft. Die Einflussgrößen bei Entscheidungsprozessen sind also: Verstand, Gefühle, Erfahrungen, Intuition und Gewissen.

Analytische Fähigkeit gefragt

Unser Verstand leistet mit rationalen Gedanken die logische Arbeit. Hierbei werden Argumente gegeneinander gestellt und mit möglichst sachdienlichen Kriterien bewertet. Besonders bei quantitativen Fragestellungen führt der Verstand zu klaren Antworten.

Ihre logisch-analytische Entscheidungsfähigkeit können Sie gleich an der folgenden Übung ausprobieren, indem Sie eine Reiseroute nach wirtschaftlichen Kriterien planen.

Übung 15: Welche Route ist die beste?

Sie wollen einen Kunden in Messestadt besuchen. Zwei Routen stehen zur Auswahl. Der Weg über die längere (150 km) Autobahnroute mit einer durchschnittlichen Geschwindigkeit von 100 km/h oder der Weg über 100 km Landstraße bei einer Durchschnittsgeschwindigkeit von 60 km/h. Der Spritverbrauch liegt bei 9 Litern je 100 km. Der Literpreis beträgt 1,10 Euro.

Welcher Weg ist

1. kürzer,
2. schneller,
3. billiger?

Die Auflösung finden Sie im Anhang.

Wie Gefühle, Intuition und Erfahrungen mitspielen

Eine wichtige Rolle bei unseren Entscheidungen spielen Gefühle. Sie bewerten die Alternativen hinsichtlich der persönlichen Neigungen. Im Beispiel der Reiseplanung könnte das bedeuten:

● Sie haben ein neues Auto und wollen dieses endlich mal auf der Autobahn so richtig ausfahren.

● Sie reisen mit der ganzen Familie und fühlen sich auf der breiten und geraden Autobahn sicherer als auf den kurvigen, engen Landstraßen mit ständigem Gegenverkehr.

● Die herrliche Landschaft auf den Überland-Bergstrecken lässt einfach mehr Reisegefühl aufkommen als die eintönige Autobahn.

● Sie genießen Ihren Roadster auf den kurvigen Landstraßen am liebsten offen.

● Es regnet, und da Sie ohnehin mit geschlossenem Dach fahren müssen, ist die Autobahn bequemer.

Je nach den aktuellen Umständen können also völlig unterschiedliche Gründe die Routenwahl gefühlsmäßig beeinflussen. Diese können die rationalen Erwägungen unterstützen oder ihnen entgegenstehen. Erfahrungswerte, die wir aus früherem Handeln gesammelt haben, können einen großen Einfluss auf unsere Entscheidung nehmen, wie auch unsere Intuition, die uns trotz Unwägbarkeiten ahnen lässt, ob wir mit unseren Entscheidungen auf dem richtigen Weg sind.

Beispiel

Sie wissen aus Erfahrung, dass den Kindern auf kurvigen Bergstrecken regelmäßig schlecht wird, und dass sie bei der gleichmäßigen Autobahnfahrt besser schlafen. So spricht neben rationalen Gründen und Erfahrungen zwar einiges für die Autobahnroute (Sie kommen schneller ans Ziel, die Fahrt ist bei Regen weniger anstrengend, die Kinder können besser schlafen, etc.), intuitiv entscheiden Sie sich aber trotzdem für die Landstraße, weil Sie ahnen, dass es am Autobahnkreuz wieder zu Stauungen kommen wird. Und tatsächlich hören Sie später im Radio, dass sich dort ein Unfall ereignet hat und lange Staus in allen Richtungen bestehen.

Intuition bedeutet: Sie konnten es nicht wissen, aber irgendwie hatten Sie den richtigen Riecher. Natürlich spielen hier auch die Erfahrungen mit hinein (dass es freitagnachmittags am Autobahnkreuz eben besonders oft kracht). Aber fest davon ausgehen konnten Sie nicht.

Nachdem also Gedanken, Gefühle, Erfahrungen und Intuition eine ganze Menge an entscheidungsrelevantem Material bereitgestellt haben, tendieren Sie zu einer Lösung. Doch was, wenn diese Lösung nur für Sie vorteilhaft erscheint, für die anderen aber negative Folgen hat oder haben könnte? Dann prüft das Gewissen, wie Sie mit dieser Entscheidung leben können. Die Konsequenzen müssen in Übereinstimmung mit Ihren ethischen Grundsätzen und inneren Überzeugungen stehen, damit Sie Ihr seelisches Gleichgewicht behalten.

Beispiel

Ihr Gewissen wird wahrscheinlich dann ein Wörtchen mitreden, wenn Sie Ihren Spaß am Schnellfahren gegen die Interessen der Familie ausleben wollten. Der persönliche Lustgewinn steht in diesem Fall der Verantwortung für die Sicherheit der Familie entgegen. Es muss ja nichts passieren, aber mit zunehmender Geschwindigkeit steigt eben auch die Unfallgefahr.

Um berechtigte Vorwürfe und innere Schuldgefühle zu vermeiden, rät uns das Gewissen, unsere Entscheidungen im Einklang mit den Interessen der Beteiligten zu fällen. Es ist somit die Instanz, die unsere Verantwortung für andere in die Entscheidung einfließen lässt.

Wenden Sie diese Erkenntnisse nun auf die Entscheidungsfindung in beruflichen Dingen an! Hier ist es hilfreich zu erkennen, ob es ein Erfahrungswert oder eine gefühlsmäßige Einschätzung der Lage ist, die eine Entscheidung in eine bestimmte Richtung beeinflusst.

Übung 16: Was entscheidet hier?

In dieser zweiteiligen Übung sollen Sie herausfinden, worauf sich bestimmte Entscheidungen wohl gründen.

1. Aufgabe: Stellen Sie sich vor, Sie hören folgende Argumente in einer Diskussion. Lesen Sie die Aussagen in der linken Spalte laut vor. Danach entscheiden Sie, welche Rubrik (Ratio, Gefühl, etc.) in der Summe wohl am häufigsten hinter diesen Aussagen steht. Kreuzen Sie noch nichts an!
Zeitlimit: 1 Minute.

Aussagen	Ratio	Gefühl	Erfah-rung	Intui-tion	Gewis-sen
Ich habe keine Lust auf die späte Sitzung.					
Der Fusionsvertrag sollte noch einmal gründlich geprüft werden.					
Der Einspareffekt ist gigantisch.					
Das Veto der Arbeitnehmer wird ihnen noch Leid tun.					
Diese Maßnahme hat noch nie geholfen.					
Wenn die Umsätze weiter zurück-gehen, werden wieder personelle Konsequenzen diskutiert.					
Ein so rücksichtsloses Vorgehen ist bei den Tarifverhandlungen nicht zu verantworten.					
Die vorgezogene Bilanzierung schafft uns zusätzliche Spielräume.					
Ich schätze die Dunkelziffer auf gut das Doppelte.					
Der Großteil der Mitarbeiter wird hoffentlich zustimmen.					
Das Ergebnis könnte uns alle überraschen.					

Ihre Antwort: Ich glaube, die Aussagen lassen sich am häufigsten der Rubrik

_____ zuordnen.

2. Aufgabe: Ordnen Sie nun die einzelnen Aussagen durch Ankreuzen jeweils der Sparte zu, die Ihrer Meinung nach die Aussage dominiert!

Die Auflösung finden Sie im Anhang.

Trennen Sie Fakten von Gefühlen!

Die meisten Kreuze entfallen in diesem Beispiel also auf die Rubriken Gefühl und Intuition. Und tatsächlich spielen diese emotionalen Faktoren eine große Rolle, bei persönlichen wie auch beruflichen Entscheidungen. Hans-Georg Häusel geht in seinem Buch „Think Limbic" (siehe Literaturverzeichnis) davon aus, dass über 70 % unserer Entscheidungen vom „Autopiloten" Unterbewusstsein, also nicht rational, getroffen werden – ohne dass wir dies überhaupt wahrnehmen. Dabei sind die Grenzen zwischen Gefühl, Erfahrung und Intuition fließend. So liegt der Schwerpunkt der Aussage „Der Großteil der Mitarbeiter wird hoffentlich zustimmen" auf dem Gefühl der Hoffnung. Ohne das Wort „hoffentlich" wird daraus eine intuitive Aussage, die sich vermutlich auf entsprechende Erfahrungswerte stützt: „Der Großteil der Mitarbeiter wird zustimmen." Dieser Satz klingt zwar eher wie eine rationale Feststellung; da Ereignisse in der Zukunft aber nicht rational festgestellt werden können, handelt es sich hierbei vielmehr um eine Mutmaßung.

Auch wenn Erfahrungen aus früheren Abstimmungen vorliegen und realistische Hochrechnungen angestellt wurden: Welchem rechnerischen Ansatz wir letztendlich Glauben schenken, unterliegt in letzter Instanz unserer intuitiven Einschätzung, die sich wiederum auf unsere Erfahrungen stützt.

Ebenso fließend sind die Übergänge zwischen Ratio und Gefühl. Im folgenden Satz hört man förmlich die Freude über riesige Einsparungen. „Der Einspareffekt ist gigantisch." Dabei handelt es sich lediglich um eine rationale Feststellung, die sich auf Berechnungen stützt. Das Ergebnis ist ein sehr großer Einspareffekt, der nun mit einem emotionalen Ausdruck kommuniziert wird. Ob die Berechnungen den richtigen Ansatz enthielten und korrekt durchgeführt wurden, ist dabei nicht von Bedeutung – ebenso wenig wie die Sprachwahl. Das Ergebnis zählt – und dieses wird mitgeteilt.

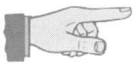

Tipp Prüfen Sie eigene wie auch fremde Einstellungen, Argumente und Aussagen zum betreffenden Thema genau auf ihre Herkunft. Lassen Sie sich nicht durch die Art der Formulierung verunsichern. Trennen Sie genau, was von Gefühl, Verstand, Gewissen bzw. von Erfahrung und Intuition herrührt.

Hilfreiche Fragen hierfür sind:

- Sind gesicherte Erkenntnisse vorhanden, mit denen Sie rechnen können?
- Was sind bloße Vermutungen?
- Worauf gründen sich diese?
- Welche Erfahrungswerte liegen vor?
- Eignen sich diese für die anstehende Entscheidung?
- Was sagt Ihr „Bauchgefühl" dazu?
- Können Sie diese Argumentation innerlich vertreten?
- Welche Beiträge sind persönliche Wünsche?
- Welche Ängste stehen hinter den Argumenten?
- Sind Sie von einer Lösung überzeugt?
- Sind die Entscheidungsgrundlagen glaubwürdig oder evtl. manipuliert?

Die folgende Übung fordert Ihr komplettes Entscheidungsrepertoire. Entscheiden Sie dabei mit Verstand, Gefühl, Intuition, Erfahrung und Gewissen.

Übung 17: Wahr, relevant, richtig?

Sie hören einen Vortrag. Was sagen Ihnen die folgenden Sätze?
1. Die Neuverschuldung wird vermutlich unter dem Vorjahresniveau liegen. Ein wichtiges Indiz für die Konsolidierung der Finanzen!
2. Unser Ergebnis vor Steuern ist dieses Jahr um 3 % gestiegen.
3. Eine Gefährdung der Bevölkerung durch Kernenergie hat nie bestanden.
4. Die sinkenden Unfallkosten je gefahrenen Autobahnkilometer beweisen: Deutschlands Straßen werden immer sicherer.
5. Für dieses Problem kann es nur eine einzige Lösung geben.
6. Für die Richtigkeit dieser Zahlen bürge ich mit meinem Namen als Minister!

Die Auflösung finden Sie im Anhang.

Besser entscheiden mit Analysen

Durch die bewusste Analyse der Eingangsinformationen im letzten Kapitel haben Sie eine ideale Grundlage für Ihre Entscheidungen geschaffen. Sie wissen, worauf Ihre Entscheidung basiert. Das bietet Ihnen Entscheidungssicherheit und hilft dabei, Ihre Entscheidungen argumentativ zu vertreten. In diesem Kapitel geht es nun darum, Entscheidungen konkret zu treffen. Besonders berufliche Entscheidungen werden Sie dabei anhand des erwarteten Nutzens (Grad der Zielerreichung) und der damit verbundenen Nachteile (Kosten, Schäden, Erfordernisse, Dauer) fällen.

Finden Sie Messgrößen!

Zunächst müssen Sie überlegen, mit Hilfe welcher Messgrößen sich die Alternativen, die Ihnen zur Verfügung stehen, vergleichen lassen. Wichtig ist, dass die Kriterien sinnvoll bewertbar sind, damit sie Aufschluss über die Vor- und Nachteile der Alternativen geben. Abhängig von der Problemstellung kommen als Messgrößen beispielsweise infrage:

- Erträge,
- Kosten,
- Kosten-Nutzen-Verhältnis,
- Eintrittswahrscheinlichkeit,
- Risiko,
- soziale Verträglichkeit,
- Umweltverträglichkeit,
- Dauer der Realisierung,
- Verfügbarkeit erforderlicher Fachkräfte,
- Qualität,
- Preis-/Leistungsverhältnis,
- Zuverlässigkeit,
- Bedienungskomfort,
- Prestigegewinn etc.

Neben diesen verlässlichen Einflussgrößen gibt es jedoch auch Unwägbarkeiten, die dem menschlichen Naturell entspringen. Dazu zählen besondere Vorlieben, Sympathien und Bedürfnisse. Gerade im Bereich Kundenbindung scheitern die Bemühungen des Marketings manchmal an den Launen des Kunden.

Beispiel

Sie haben mit dem Pizzaservice „Antonio" bereits sehr gute Erfahrungen gemacht. Preis, Qualität, Pünktlichkeit der Lieferung und der Service sind absolut in Ordnung. Auch gilt es als chic, bei „Antonio" zu bestellen. Es spricht also nichts dagegen, immer Antonio-Kunde zu bleiben. Trotzdem könnten Sie einmal bei der Konkurrenz ordern, einfach weil es Ihnen irgendwann nach Abwechslung zumute ist.

Entscheiden nach dem K.-o.-System

Bei einfachen Aufgaben mit wenigen Einflussgrößen kommen wir durch Abwägen des Für und Wider bzw. Ausschluss nach dem K.-o.-System recht schnell zu brauchbaren Ergebnissen.

Beispiel: K.-o.-System

Sie brauchen einen neuen Kopierer für Ihren Copyshop. Aus dem großen Angebot können Sie vorab alle Schwarzweiß-Geräte aussondern, ebenso die langsamen und die von Herstellern mit schlechtem Service. Übrig bleiben lediglich 12 Geräte, von denen nur eines auch auf A-3-Folien drucken kann. Da Ihre Kundschaft zunehmend Wert auf dieses Leistungsmerkmal legt, ist die Entscheidung schnell gefallen. Andere Kriterien wie z. B. der Preis werden diesem dominanten Kriterium pauschal untergeordnet.

Das K.-o.-System bietet sich für alle Entscheidungen an, bei denen Sie wissen, was Sie *nicht* wollen. Schließen Sie zuerst allgemeine, einfache und klare Kriterien aus, gefolgt von den spezielleren oder schwerer zu definierenden. Mit dieser Methode treffen Sie schnell und unkompliziert eine Auswahl.

Entscheiden mit der Nutzwertanalyse

Wenn die Aufgabe jedoch komplexer wird, erfasst unser gewohntes Nachdenken oft nicht alle entscheidungsrelevanten Faktoren, was zu folgenschweren Fehlentscheidungen führen kann. Um dennoch zu möglichst objektiven und abgesicherten Entscheidungen zu finden, sollten Sie sich bei schwierigen Aufgaben mit vielen Einflussgrößen komplexerer Entscheidungsinstrumente bedienen, etwa der Nutzwertanalyse.

Wie Sie mit dieser Technik sicher entscheiden können und auf welche Besonderheiten und Fallstricke Sie dabei achten müssen, wollen wir nun anhand einer einfachen Problemstellung einmal durchspielen.

Beispiel

Sie suchen ein Lokal, um einen Geschäftspartner zum Essen einzuladen. Das Lokal soll gutes Essen bei einem möglichst fairen Preis-Leistungs-Verhältnis bieten. Bei dem breiten Angebot an Gaststätten und Restaurants entfallen diejenigen, bei denen Sie sich nicht sicher sind. Schließlich wollen Sie nicht riskieren, dass ein schlechtes Essen auf Sie als Gastgeber zurückfällt. Es verbleiben fünf Lokale:
- das italienische San Porto mit einer riesigen Auswahl an Gerichten,
- die teuren, sehr ruhigen Bergstuben, mit phantastischem Ausblick ins Tal,
- der ebenfalls teure und sehr idyllisch gelegene Seewirt,
- die urige Kellerschänke mit kleiner Karte, aber gleich um die Ecke gelegen,
- das sehr günstige Rössl ein paar Straßen weiter.

Da es hinsichtlich der Qualität der fünf Restaurants keine Zweifel gibt, brauchen Sie weitere Entscheidungskriterien. Diese leiten Sie am besten aus einer Reihe von Unterzielen ab:
- Zum einen wollen Sie möglichst wenig Zeit verlieren, also soll das Lokal nicht weit vom Unternehmen entfernt sein, im Idealfall in einem kleinen Spaziergang zu Fuß erreichbar:
  Ziel 1: „nah gelegen", *Kriterium K1:* Entfernung
- Zweitens soll der Kunde aus einer attraktiven Speisekarte auswählen können. *Ziel 2:* „große Auswahl", *Kriterium K2:* Anzahl der Gerichte
- Drittens soll die Atmosphäre ein ruhiges und ungestörtes Gespräch ermöglichen. *Ziel 3:* „ruhige Atmosphäre", *Kriterium K3:* Lärmpegel im Lokal/in der Umgebung.
- Viertens möchten Sie Ihrem Kunden etwas von der schönen Landschaft zeigen: *Ziel 4:* „schöner Ausblick", *Kriterium K4:* Ausblick vorhanden (ja/nein)
- Fünftens muss die Einladung nicht unnötig teuer sein. *Ziel 5:* „preiswert", *Kriterium K5:* Preise vergleichbarer Gerichte/Getränke, hier z. B. Cappuccinopreis

Um nun sagen zu können, wie gut die einzelnen Alternativen die jeweiligen Ziele erfüllen, vergeben Sie Punkte für bestimmte Grade der Zielerreichung (ZE). Je höher die Punktzahl, umso eher ist das Ziel erfüllt.

In unseren Beispiel ergibt sich:

- ZE1 „nah gelegen": bis 1 km = 2 Punkte, 1-2 km = 1 Punkt, größer 2 km = 0 Punkte;
- ZE2 „große Auswahl": mehr als 20 Gerichte = 1 Punkt, 11-20 Gerichte =
  0 Punkte, bis 10 Gerichte = -1 Punkt
- ZE3 „ruhige Atmosphäre": leise = 1; normal = 0, laut = -1;
- ZE4 „schöner Ausblick": ja = 1 Punkt, nein = -1 Punkt
- ZE5 „preiswert": Cappuccino günstiger als 2 Euro = 1 Punkt, Cappuccino teurer als 2 Euro = -1 Punkt.

So bewerten und gewichten Sie Ihre Kriterien

Im nächsten Schritt machen wir uns Gedanken darüber, wie die Kriterien selbst zu bewerten sind. Dazu können Sie die einzelnen Kriterien gewichten. Die Gewichte sollen dabei in einem realistischen Verhältnis stehen.

So vergeben wir in unserem Beispiel folgende Gewichtungen:

- ZE1 „nah gelegen" bekommt die Gewichtung 5.
- ZE2 „große Auswahl" bekommt die Gewichtung 10.
- ZE3 „ruhige Atmosphäre" bekommt die Gewichtung 3.
- ZE4 „schöner Ausblick" bekommt die Gewichtung 4.
- ZE5 „preiswert" bekommt die Gewichtung 1.

Die Kriterien werden für alle Alternativen bewertet und mit der Gewichtung multipliziert. Am besten tragen Sie Ihre Ergebnisse in eine Tabelle ein. Zum Schluss addieren Sie alle Punkte. Die Alternative mit der höchsten Punktzahl macht das Rennen.

In unserem Beispiel ergibt sich damit folgendes Ergebnis:

Beispiel: Nutzwertanalyse mit Gewichtung

Alternativen	ZE 1	Gewicht 5	ZE 2	Gewicht 10	ZE 3	Gewicht 3	ZE 4	Gewicht 4	ZE 5	Gewicht 1	Summe
San Porto	1	5	1	10	-1	-3	-1	-4	1	1	9
Burgstuben	0	0	0	0	1	3	1	4	-1	-1	6
Seewirt	1	5	0	0	1	3	1	4	-1	-1	11
Kellerschänke	2	10	-1	-10	-1	-3	-1	-4	-1	-1	-8
Rössl	1	5	0	0	0	0	-1	-4	1	1	2

Im Ergebnis schneidet der Seewirt mit 11 Punkten am besten ab. Das heißt, das Lokal erfüllt in der Summe am besten unsere Ziele. Weil die große Auswahl (ZE2) stark gewichtet wurde und die Kellerschänke hier besonders schlecht abschnitt, liegt dieses Lokal deutlich an letzter Stelle.

Differenzierter können Sie die Bewertung vornehmen, wenn Sie feiner unterscheiden, beispielsweise nach Punktsystem: 10 ist sehr gut, 0 ist ungenügend:

Beispiel: Nutzwertanalyse mit Punktesystem

Alternativen	ZE 1	Gewicht 5	ZE 2	Gewicht 10	ZE 3	Gewicht 3	ZE 4	Gewicht 4	ZE 5	Gewicht 1	Summe
San Porto	3	15	10	100	2	6	2	8	7	7	136
Burgstuben	2	10	8	80	7	21	10	40	3	3	154
Seewirt	4	20	8	80	9	27	8	32	4	4	163
Kellerschänke	9	45	4	40	4	12	1	4	6	6	109
Rössl	4	20	7	70	5	15	3	12	9	9	126

Auch hier geht der Seewirt aus der Bewertung als Favorit hervor. D.h. er vereint in sich die meisten geforderten Kriterien. Platz zwei dagegen ist im ersten Beispiel das San Porto, im zweiten wird es aber von den Burgstuben übertroffen, ein Ergebnis der differenzierteren Punktvergabe. Die Kellerschänke dagegen ist in beiden Bewertungsfällen deutlich letzte Wahl für ein Geschäftsessen nach den definierten Kriterien.

Nun wird sich kaum jemand die Mühe machen, wegen der Auswahl eines optimalen Restaurants für ein Geschäftsessen solch einen Bewertungsaufwand zu betreiben. Das einfache Beispiel macht aber deutlich, wie Sie komplexe Entscheidungen mit untereinander nicht direkt vergleichbaren Kriterien in ein gemeinsames Werteschema bekommen und daraus Präferenzen erhalten. Denn nichts anderes zeigen die Ergebnisse: welche Alternative sich am ehesten empfiehlt, wenn die Bewertung so definiert wurde.

So können Sie am Ergebnis „drehen"

Interessant ist dabei, welche Veränderungen sich im Ergebnis abzeichnen, wenn die Bewertung der Alternativen oder die Gewichtung der Kriterien etwas modifiziert wird. Drehen Sie dazu ein wenig an den Stellschrauben der Punktvergabe oder der Gewichtung, so können Sie sehen, wie die Alternativen auf die Veränderungen reagieren. Verändern Sie aber jeweils nur eine Größe, um jede Auswirkung für sich getrennt beurteilen zu können.

Beispiel

Ob Sie den Ausblick der Kellerschänke (Unterziel 4) mit 0 oder 1 bewerten, bedeutet im Ergebnis lediglich eine Differenz von 4 Punkten. Dadurch wird der letzte Platz also nicht in Frage gestellt. Anders dagegen bei der Bewertung der Auswahl an Gerichten. Erhält der Seewirt hier nur einen Punkt weniger, beispielsweise weil er wegen 1 Gericht zu wenig auf der Karte die Bewertung 8 Punkte knapp verfehlt, verliert er durch das Downgrading ganze 10 Punkte und damit – wenn auch knapp – den ersten Platz, wie die folgende Tabelle zeigt.

Alternativen	ZE 1	Gewicht 5	ZE 2	Gewicht 10	ZE 3	Gewicht 3	ZE 4	Gewicht 4	ZE 5	Gewicht 1	Summe
San Porto	3	15	10	100	2	6	2	8	7	7	136
Burgstuben	2	10	8	80	7	21	10	40	3	3	154
Seewirt	4	20	7	70	9	27	8	32	4	4	153
Kellerschänke	9	45	4	40	4	12	0	0	6	6	105
Rössl	4	20	7	70	5	15	3	12	9	9	126

Worauf sollten Sie achten?

Um möglichst praxisnahe und damit aussagekräftige Ergebnisse zu erreichen, sollten Sie bei der Anwendung der Nutzwertanalyse auf folgende Punkte achten:

- Stimmt die Proportion der Punktvergabe zwischen den Alternativen?
- Sind die Gewichtungen gerecht verteilt?

Ob es beispielsweise im Seewirt tatsächlich mehr als doppelt so ruhig ist wie in der Kellerschänke, ist sicherlich eine individuelle Bewertung, denn Sie werden vorher weder am einen noch am anderen Ort den Lautstärkepegel gemessen haben. Dagegen lässt sich die Entfernung in Kilometern ziemlich exakt miteinander vergleichen. Mit *objektiv messbaren* Kriterien haben Sie in der Regel auch Kriterien, die Sie nicht beeinflussen können.

Aber die Gewichtung kann natürlich subjektiv erfolgen: Ist es dem Gastgeber wirklich doppelt so wichtig, dass sein Kunde unter möglichst vielen Gerichten auswählen kann, wie die Nähe des Lokals? Hier wäre sowohl eine stärkere als auch eine geringere Gewichtung für das Kriterium der Auswahl denkbar.

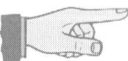

Tipp Vorsicht mit Schulnoten! 1 für „sehr gut" multipliziert mit 10 als hohes Gewicht ergibt nur 10 Punkte, die „ungenügende" 6 dagegen ergibt 60 Punkte! Bleiben Sie daher stets in einem Bewertungsschema: Viele Punkte und hohe Gewichtung ergeben ein gutes Ergebnis. Oder umgekehrt: Je kleiner die Werte, desto besser das Ergebnis. Es fällt uns jedoch leichter, mit großen Gewichtungen für wichtige Kriterien zu arbeiten.

Trainieren Sie jetzt und führen Sie eine eigene Bewertung nach dem Schema der Nutzwertanalyse durch.

Übung 18: Nutzwertanalyse

Sie sind beauftragt, für die Firma neue Tintenstrahldrucker anzuschaffen, mit  dem Hauptziel, das Produkt mit dem besten Preis-/Leistungsverhältnis auszuwählen. Folgende Kriterien kommen dafür in Frage: Anschaffungspreis, Druckgeschwindigkeit, erforderliche Stellfläche, Fotodruckqualität, Garantiebedingungen, Geruch, Gewicht, Lärm, Lieferfristen, Optik, Patronenpreis, Serviceleistungen, Stromverbrauch.

Der Übersicht halber wählen Sie unter diesen Kriterien die fünf wichtigsten aus:

- Anschaffungspreis
- Garantiebedingungen
- Serviceleistungen
- Patronenpreis
- Druckgeschwindigkeit

Alle anderen Kriterien sind nicht relevant für Ihr Unternehmen, bzw. die Modelle unterscheiden sich in ihnen nur gering.

Mit Ihren gesammelten Informationen zu den interessantesten Druckermodellen erhalten Sie nun folgende Tabelle:

Modelle	Preis (Euro)	Garantie (Jahre)	Service (Ersatz in 24 h)	Patronen-preis (Euro)	Druckgeschwin-digkeit (Seiten/min.)
Alpha	315	2	ja	24	10
Beta	298	2	nein	10	12
Gamma	355	5	ja	18	10
Sigma	245	3	ja	40	9
Omega	398	4	nein	23	15

Vergeben Sie nun Punkte für den Grad der Zielerreichung (z. B. 1, 0, -1):

Kriterium 1: Anschaffungskosten:

< 300 Euro: _____ Punkte, 300-350 Euro: _____ Punkte, > 350 Euro: _____ Punkte

Kriterium 2: Garantiebedingungen:

2 Jahre: _____ Punkte, 3 Jahre: _____ Punkte, 4 Jahre: _____ Punkte, 5 Jahre: _____ Punkte

Kriterium 3: Serviceleistungen (Austausch defekter Geräte innerhalb 24 Stunden):
Ja: _____ Punkte, Nein: _____ Punkte

Kriterium 4: Patronenpreis:
< 10 Euro: _____ Punkte, 10-20 Euro: _____ Punkte, 20-30 Euro: _____ Punkte, >30 Euro: _____ Punkte

Kriterium 5: Druckgeschwindigkeit:
<10 Seiten/min: _____ Punkte, 10-14 Seiten/min: _____ Punkte, 15-18 Seiten/min: _____ Punkte, >18 Seiten/min: _____ Punkte

Und schließlich gewichten Sie die Kriterien. Welches Gewicht fällt den einzelnen Kriterien für die Gesamtentscheidung zu? Am besten vergeben Sie dazu in der Summe 100 Punkte, dann entsprechen die einzelnen Gewichte einer *prozentualen Gewichtung*. 25 Punkte sind dann 25 Prozent des Gesamtgewichts. Das durchschnittliche Gewicht bei fünf Kriterien sind entsprechend 20 Punkte (100 : 5 = 20). Das gewährleistet eine bessere Orientierung, ob ein Kriterium gerecht gewichtet wurde.

Anschaffungspreis: Gewichtung _____

Garantiebedingungen: Gewichtung _____

Serviceleistungen: Gewichtung _____

Patronenpreis: Gewichtung _____

Druckgeschwindigkeit: Gewichtung _____

Summe der Gewichte: _____

Denken Sie daran: Ihre Gewichtung und Bewertung der Kriterien sollte immer mit Ihrer Zielsetzung verknüpft sein. Wenn Sie kurzfristig niedrige Ausgaben vorweisen möchten, dann bekommt der Anschaffungspreis ein hohes Gewicht. Wenn Sie dagegen langfristig denken, werden Sie darauf achten, dass die Folgekosten durch die notwendigen Austauschpatronen nicht zu hoch werden. In diesem Fall würde Kriterium 4 stärkeres Gewicht erhalten.
Als letzten Schritt tragen Sie die Zahlen für die Einzelbewertungen in die W-Spalten der Tabelle ein und die Gewichte in die zweite Zeile der G-Spalten. Ermitteln Sie die Ergebnisse: Wertung 1 x Gewicht 1 = Produkt P1, W2 x G2 = P2 usw. Schließlich addieren Sie die Produkte P1 bis P5 in der Summenspalte.

Modelle	W1	G1	P1	W2	G2	P2	W3	G3	P3	W4	G4	P4	W5	G5	P5	Σ
Alpha																
Beta																
Gamma																
Sigma																
Omega																

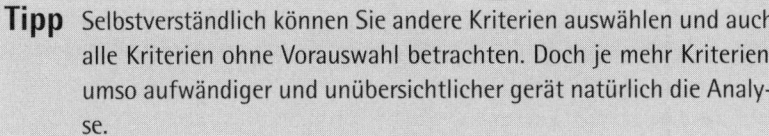

Tipp Selbstverständlich können Sie andere Kriterien auswählen und auch alle Kriterien ohne Vorauswahl betrachten. Doch je mehr Kriterien, umso aufwändiger und unübersichtlicher gerät natürlich die Analyse.

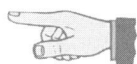

Passen Sie abgeschlossene Nutzwertanalysen an!

Bei vielen Produktentscheidungen helfen Ihnen Vergleichstests von Fachzeitschriften oder Institutionen (Stiftung Warentest u. a.). Die darin vorgenommenen Bewertungen und Gewichtungen entsprechen der Meinung und dem Geschmack der Verfasser. Doch Sie können sie individuell an Ihre Zielvorgaben anpassen. Während Sie die Bewertungen wahrscheinlich weitgehend übernehmen werden, da diese oft auf eindeutigen Messergebnissen beruhen, spielt es durchaus eine Rolle für das Ergebnis, wie Sie selbst z. B. die Umweltverträglichkeit im Verhältnis zur Spitzenleistung oder die Anschaffungskosten im Verhältnis zur Zuverlässigkeit gewichten. Auch die Kriterienauswahl können Sie einschränken oder erweitern. Gleiches gilt natürlich auch für Fach- bzw. Unternehmensgutachten, mit denen Sie in Führungspositionen zu tun haben.

Beispiel: Autovergleichstest

Kriterien	Gewicht	VW	BMW	Ford	Skoda	Opel	Japaner	
Verbrauch	20	4	7	6	4	5		
Sicherheit	30	8	8	8	8	8		
Werterhalt	10	5	6	4	5	4		
Anschaffung	30	8	6	8	9	8		
Steuern	10	6	4	5	8	6		
(eig. Kriterium)								
Summe	100	670	640	690	720	680		

In diesem Beispiel könnten Sie die Fahrleistungen vermissen und diese ergänzen oder gegen ein Kriterium wie z. B. die Steuern austauschen. Oder die Zusammenstellung entspricht soweit Ihren Ansprüchen an ein Auto und Sie korrigieren lediglich die Sicherheit nach unten, um diese Ihrer Meinung nach reeller zu gewichten. Oder Sie bringen ein weiteres Modell mit in die Bewertung ein, z. B. einen hier noch nicht vertretenen Japaner.

Die richtigen Entscheidungen treffen

In unserem Leben gibt es Millionen von Fragen, die von uns permanent Entscheidungen verlangen:

● Wohin sollen wir in Urlaub fahren?

● Was bestelle ich im Lokal?

● Soll ich den XY zurückrufen?

● Nehme ich einen Schirm mit?

● Riskiere ich die Herzoperation?

● Was soll ich anziehen?

● Soll ich mich für die Maßnahme X entscheiden?

● Soll ich versuchen, das Produkt YZ woanders billiger zu bekommen?

● Mache ich heute früher Mittag?

Ohne Struktur können einen diese vielen Entscheidungen schnell auffressen. Also versuchen wir sie nach ihrer Bedeutung für unser Leben zu ordnen.

> **Tipp** Unterscheiden Sie überflüssige, unwichtige, wichtige und zentrale Entscheidungen.

Treffen Sie keine überflüssigen Entscheidungen

Über Atmung und Herzschlag, aber auch über die Notwendigkeit eines Regenschirms, wenn ich mich den ganzen Tag in geschlossenen Räumen aufhalte, muss ich mir nicht den Kopf zerbrechen. Etwas weniger offensichtlich, aber ebenso unsinnig ist die verbreitete Praxis, kurz zuvor getroffene Entscheidungen erneut in Frage zu stellen. Das ist überflüssig und unproduktiv – denn dadurch wird zielgerichtetes Handeln unmöglich. Wer bei seiner Entscheidung alle relevanten Aspekte gebührend berücksichtigt (etwa die richtigen Kriterien gefunden) hat, braucht sie nicht bereits am Tag darauf wieder anzuzweifeln.

> **Tipp** Fundierte Entscheidungen schaffen Sicherheit für die Bewältigung der aktuellen Aufgaben.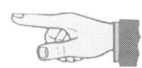

Erkennen Sie unwichtige Entscheidungen

Zu viele unwichtige Entscheidungen blockieren uns mental und emotional. Sie haben die Eigenart, sich wichtig zu machen und den Raum zu beanspruchen, den wir für die wirklich wichtigen Entscheidungen brauchen. Ein paar Cent Einsparung, wenn ich das Produkt YZ woanders etwas billiger bekomme, haben vermutlich wenig Einfluss auf den Ausgang dieses Tages.

> **Tipp** Entledigen Sie sich daher von allem, was nicht wirklich wichtig zu entscheiden ist. Delegieren Sie so viel Sie können, und den Rest der weniger wichtigen Fragen entscheiden Sie spontan.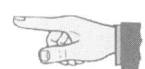

Viele unwichtige Entscheidungen erübrigen sich ohnehin meist von selbst. Wenn ich erst einmal in der Kantine stehe, wird mein Bauch schon entscheiden, welches Menü ihn am meisten anspricht. Wer Karriere machen will, denkt in seiner Arbeitszeit nicht über Pommes oder das Fernsehprogramm nach.

Das Problem bei der Verdrängung unwichtiger Entscheidungen: Dieser Schutzmechanismus erfasst manchmal auch wirklich wichtige Themen. Diese werden dann schlecht vorbereitet, zu spät, oberflächlich oder gar nicht entschieden.

Nehmen Sie sich Zeit für wichtige Entscheidungen

Ein bewährtes Vorgehen ist, berufliche Entscheidungen möglichst sachlich zu stützen und sich nach der Bewertung die Frage zu stellen, mit welcher Lösung man sich am besten identifizieren kann. Stellen Sie sich vor, Sie müssten die Entscheidung vor einem wichtigen Ausschuss vertreten. Sicherlich wird Ihnen das mit der Variante am besten gelingen, die Ihnen am meisten am Herzen liegt.

Manche Maßnahmen können über Ihre berufliche Zukunft entscheiden oder sogar über Gedeih und Verderb des ganzen Unternehmens. Bei allen ungewissen Zukunftsentscheidungen mit großem Einsatz oder großer Tragweite sollten Sie ein erprobtes Bewertungsverfahren mit Worst-Case- und Best-Case-Betrachtungen durchspielen, um zu einer fundierten Entscheidung zu gelangen. Bringen Sie alle entscheidungsrelevanten Faktoren ins Spiel und achten Sie darauf, welche Entscheidungsinstanz (Ratio, Gefühle, Intuition, Erfahrungen und Gewissen, s. S. 59) Ihnen welche Empfehlung gibt.

Übung 19: Best-Case vs. Worst-Case
Es geht um die Entscheidung, ob Sie es riskieren, ein Werk in Malaysia zu bauen. Lukrative Gründe sprechen dafür, Risiken dagegen. Bilden Sie aus den gebotenen Einflussgrößen ein Best-Case-Szenario und ein Worst-Case-Szenario. Ihnen stehen dabei folgende Einflussgrößen zur Verfügung:
Prognose der Absatzentwicklung für 5 Jahre: 2 % bis 8,4 % pro Jahr
Aktueller Umsatz: 40 Mio. Euro
Investitionsvolumen: 200 bis 300 Mio. Euro
Einsparung Lohnkosten pro Jahr: 40 bis 50 Mio. Euro pro Jahr
Politische Situation: wahrscheinlich stabil

Stellen Sie zwei Berechnungen auf: Was ergibt sich im besten Fall für ein Gewinn, wie sieht er im schlechtesten Fall aus? Berechnen Sie dazu den akkumulierten Umsatz für 5 Jahre, addieren Sie die eingesparten Lohnkosten hinzu und ziehen Sie die Investitionskosten ab. Die Lösung finden Sie im Anhang.

Im Ergebnis akzeptieren Sie das Risiko des Worst-Case, wenn Sie erkennen, dass Sie im Eintrittsfall mit seinen Folgen leben könnten, wie im vorliegenden Fall. Wenn sich aber auch nur eine wesentliche Eingangsgröße wie z. B. die politische Situation stark nachteilig ändert, so steht die Wahrscheinlichkeit für einen Totalverlust in Höhe der maximalen Investitionssumme (300 Mio. Euro) einem etwa gleich großen Gewinn im Erfolgsfall gegenüber. In einem solchen Fall kann die Erfolgswahrscheinlichkeit mit Hilfe von Eintrittswahrscheinlichkeiten der Eingangsgrößen (soweit diese vorhanden oder abschätzbar) rechnerisch ermittelt werden.

Zentrale Entscheidungen

Eine Herzoperation mit ungewissem Ausgang ist fraglos eine schicksalhafte Entscheidung, mit der alles andere verknüpft ist. Solche zentralen Entscheidungen haben einen großen Nutzen auch für diejenigen, die nicht durch das Geschick damit konfrontiert sind: Denken Sie einfach ab und zu darüber nach, was Sie machen würden, wenn Sie Aids hätten, Krebs, einen Herzinfarkt oder sich mit Rheumaschmerzen durch den Tag schleppen müssten. Ideale Gelegenheiten bieten uns kleinere gesundheitliche Beeinträchtigungen, die uns immer wieder erstaunlich belasten. Ein kleiner Hexenschuss, und schon sind wir bei den einfachsten alltäglichen Handlungen behindert: sich ankleiden, etwas tragen, Auto fahren, entspannt sitzen und Kundengespräche führen etc.

Tipp Die Dimension lebenswichtiger Aspekte lässt uns die Bedeutung der jeweiligen Entscheidung in einem realistischen Licht erkennen. Das erleichtert uns, eine Entscheidung zu treffen, und nimmt uns die Angst vor möglichen Konsequenzen.

Eine weitere wichtige Frage bei der Entscheidungsfindung ist die, wie exakt wir unser Ziel definiert haben. In Lektion 2 wurde bereits darauf hingewiesen, wie wichtig eine möglichst genaue Zieldefinition ist. Nun sehen wir warum. Wenn Sie als Ziel allgemein definiert haben: „ein gutes Ergebnis erzielen", dann fehlen Ihnen nun in der Entscheidungsphase Anhaltspunkte, inwieweit mögliche Lösungen dieses Ziel erreichen können. Daher definieren Sie exakt:

- Ich strebe als Ziel ein bestmögliches Ergebnis an. (Sie streben eine neue Bestmarke an.)
- Ich strebe als Ziel eine möglichst gute Schadensbegrenzung an. (Sie suchen nach einer sicheren Lösung.)
- Ich suche den optimalen Kompromiss zwischen bestem Ergebnis und geringstem Schaden. (Sie möchten für den wahrscheinlichen Fall, dass sich die Realität zwischen diesen beiden Extremen abspielen wird, ein möglichst gutes Ergebnis. Dafür sind Sie bereit, in beiden Extremfällen Abstriche an ein optimales Ergebnis hinzunehmen.)

Je nach Aufgabenstellung und persönlicher Einschätzung entscheiden Sie sich dann für eine Lösung,
- die unter optimalen Bedingungen das beste Ergebnis erzielt,
- die für den ungünstigsten Fall die geringsten Einbußen mit sich bringt oder
- die für beide Fälle oder den Weder-noch-Fall ein zufrieden stellendes Ergebnis erreicht.

Beispiel

Sie möchten ein Auto kaufen. Ihre Alternativen stellen sich folgendermaßen dar: Wenn der Benzinpreis stark sinkt, können Sie sich einen schnellen Spritfresser leisten. Wenn der Benzinpreis stark ansteigt, fahren Sie mit einem Sparmobil am günstigsten. Wenn der Benzinpreis in etwa stabil bleibt, entscheiden Sie sich möglicherweise für einen Kompromiss.

Tipp Achten Sie darauf, in Ihre Entscheidung die Möglichkeit zur Nachbesserung einzubauen, wenn dies irgendwie möglich ist. So haben Sie bei entsprechend ungünstiger Entwicklung die Möglichkeit, korrigierend einzugreifen.

So entscheiden Sie stets sicher:
- Gründen Sie Ihre Entscheidungen möglichst auf nachvollziehbaren Fakten.
- Prüfen Sie fremde Zahlen und Meinungen, fragen Sie nach den Quellen.
- Trennen Sie Fakten von Meinungen und Gerüchten.
- Konstruieren Sie logische Ketten.

- Bedenken Sie Alternativen.
- Nutzen Sie Bewertungsverfahren.
- Gewichten Sie die Kriterien nach Ihrer eigenen Einschätzung.
- Prüfen Sie die Praxistauglichkeit Ihrer Entscheidung.
- Halten Sie sich die Möglichkeit für spätere Korrekturen offen.

Lektion 4: Blockaden schaden

*Ob es die Angst vor der falschen Entscheidung ist,
zu hoher Erwartungsdruck oder reine Bequemlichkeit –
es gibt viele Gründe, warum wir wichtige
Entscheidungen nicht zügig genug fällen oder ihnen
sogar ganz aus dem Weg gehen. Am Ende dieses Kapitels
wissen Sie, wie Sie mit solchen Blockaden umgehen.*

Entscheidungen fallen nicht immer leicht. Manchmal sind es auch nur ganz spezielle Themen, für die wir keine Entscheidung herbeiführen können, während wir in anderen Bereichen gar keine Probleme haben, uns spontan zu entscheiden. Wenden wir uns daher den Hindernissen zu, die uns bei der Entscheidungsfindung im Weg stehen können. Im Allgemeinen lassen Hemmnisse bei der Entscheidung sich auf folgende Ursachen zurückführen:

● Unsicherheit
● Perfektionismus
● Konfusion
● Zeitnot
● Bequemlichkeit
● Mutlosigkeit
● Irrelevanz.

Diese möglichen Ursachen für unsere Entscheidungs- und Handlungsprobleme betrachten wir nachfolgend etwas genauer, um Wege zu deren Überwindung zu finden. Schließlich ist der erste Schritt einer Problemlösung stets, das Problem genau zu erfassen.

Keine Angst mehr vor Entscheidungen!

Wenn Menschen dazu neigen, Entscheidungen aufzuschieben, so liegt als häufige Ursache die Angst zugrunde, etwas falsch oder nicht gut genug zu machen. Mögliche Ausprägungen dieser Entscheidungsunsicherheit können sein: Angst vor Kritik, Ablehnung und Widerständen, Angst davor, sich lächerlich zu machen, Angst vor dem Scheitern, Angst davor, dem eigenen Selbstbild oder hohen Erwartungen nicht gerecht zu werden, Angst vor Veränderungen oder vor Konsequenzen und der Verantwortung.

Natürlich sind negative Konditionierungen nicht mit einer Handbewegung über Bord zu werfen. Aber sie sind veränderbar, und zwar in erster Linie, indem wir sie durch positive Konditionierungen ersetzen. Machen Sie sich Ihre Erfolge bewusst, fixieren Sie Ihre Aufmerksamkeit auf positive Ergebnisse und auf Ihre Fähigkeiten anstatt auf Misserfolge und Unzulänglichkeiten.

Beispiel

Ihr Chef beschwert sich bei Ihnen: „Wo sind denn jetzt schon wieder die Abschlusslisten? Immer muss man dreimal danach fragen, und nie kommen sie pünktlich auf meinen Schreibtisch. Hört mir denn niemand zu, wenn ich was sage? Muss ich denn immer alles selber machen? Außerdem habe ich diese ständigen Fehler satt, da stimmt doch keine einzige Zahl. Das können Sie alles noch mal machen!"

Ist dies Kritik, die Sie annehmen könnten? Wohl kaum. Trotzdem ist das genau der Ton, in dem viele Menschen *mit sich selbst* reden. Dass daraus kein positives Selbstbewusstsein entsteht, ist nahe liegend. Möglicherweise spielt dabei ein aus Kindeszeiten stammendes, „gelerntes" Credo eine Rolle: „Ständig mache ich alles falsch, nichts mache ich richtig."

Tipp Vermeiden Sie Verallgemeinerungen und Schwarz-Weiß-Malerei mit Begriffen wie: *ständig, alles, nie, nichts, immer, niemand, jeder* in der Art von: „*Nichts* gelingt mir...", „Andere machen *immer* alles richtig", etc. Solche Aussagen sind nicht nur falsch, sondern auch schlecht für das eigene Selbstwertgefühl. Achten Sie unbedingt darauf und bremsen Sie sich, wenn Sie wieder einmal loslegen wollen mit: „*Immer* ..."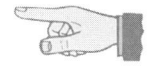

Machen Sie sich schließlich bewusst, dass niemand vollkommen ist. Fehler passieren überall. Es ist nur eine Frage, wie man damit umgeht. Wenn sich im einen oder anderen Fall herausstellen sollte, dass eine Entscheidung nicht gut genug war, so bessern Sie sie nach. Und wenn sich eine Entscheidung einmal als falsch erweist, so lernen Sie mit Hilfe dieser Erfahrung, die nächste Entscheidung besser zu treffen. (Mehr dazu, wie man aus Erfahrungen positive Erkenntnisse gewinnt, erfahren Sie in Lektion 8.)

Was tun, wenn Sie unsicher sind?

Unsicherheit, Unentschlossenheit, Zweifel, Bedenken, Grübeln – die Angst sich festzulegen ist weit verbreitet. Dabei sitzt einem stets die Frage im Nacken, ob die Entscheidung für eine andere Alternative nicht doch die bessere wäre. Trösten Sie sich damit, dass das im Voraus niemand sicher wissen kann und man hinterher immer schlauer ist. Tatsächlich bleibt bei Entscheidungen immer ein Rest an Ungewissheit!

Das hat einen einfachen Grund: Entscheidungen werden heute getroffen, aber erst in der Zukunft wirksam. Die Gefahr, dass die Erkenntnisse von heute den Anforderungen von morgen vielleicht nicht gerecht werden, sollte uns aber nicht davon abhalten, die Zukunft mit unseren Entscheidungen aktiv zu gestalten. Vielleicht hilft dabei das Bild vom Entscheiden als Prozess: Aufbauend auf früheren Entscheidungen werden mit Hilfe der neuesten Erkenntnisse Prognosen für die Zukunft erstellt und darauf basierend weiterführende Entscheidungen gefällt, die in der Zukunft wiederum durch neue Erkenntnisse ergänzt werden usw. Entscheiden ist bei dieser Betrachtungsweise kein einmaliger, endgültiger Akt, der heute und hier unwiderruflich über alle Zukunft bestimmt!

Beispiel

Dem Projektmanager helfen bei größeren, längerfristigen Projekten Zwischenziele mit Erfolgskontrolle und Rückkoppelung, damit in den Folgeschritten noch Korrekturen möglich sind. So können neu gewonnene Erkenntnisse noch in die laufende Projektentwicklung einfließen.

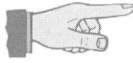

Tipp Um zu vermeiden, dass es überhaupt zu einer Fehlentscheidung kommt, beteiligen Sie kompetente Fachkräfte an der Entscheidungsfindung. Die Stichwörter hierzu sind: Büropolitik, andere für sich gewinnen, motivieren und delegieren, kompetente Freunde fragen, Netzwerke nutzen, etc. Je besser Sie Ihre Entscheidungen absichern, desto weniger haben Sie negative Konsequenzen zu befürchten.

Mit fundiertem Wissen gegen Entscheidungsangst

Was können Sie tun? Zunächst einmal vermittelt es Sicherheit, wenn Sie das zu entscheidende Thema rundum „erschlagen": Verschaffen Sie sich so viele Informationen wie möglich. Prüfen Sie, ob alle relevanten Alternativen in die Bewertung eingegangen sind. Variieren Sie die Gewichtung der Kriterien und die Bewertung (s. S. 65), um zu sehen, unter welchen Umständen sich ein anderes Ergebnis ergibt.

Ebenfalls hilfreich: Gehen Sie in Gedanken den GAU (größter anzunehmender Unfall) durch: Was könnte schlimmstenfalls passieren? Wäre dieser GAU zu verschmerzen? Das mag zunächst paradox klingen, denn gerade das Worst-Case-Szenario (s. S. 72) schreckt einen ja von der Entscheidung ab. Aber wenn Sie erkennen, dass Sie auch im schlimmsten Fall mit den Ergebnissen leben können, verliert die Vorstellung, dass alles komplett schief geht, an Schrecken.

Weiter reduzieren können Sie den Einfluss von Horrorszenarien, indem Sie die Eintrittswahrscheinlichkeit eines Misserfolgs abschätzen. Wenn ein Ereignis so gut wie nie eintritt, sollte es für Ihre Entscheidung auch nur eine untergeordnete Rolle spielen. Je höher die Eintrittswahrscheinlichkeit und je bedeutender die Folgen, desto stärker sollte umgekehrt ein solches Ereignis Ihre Entscheidungsfindung beeinflussen. Dies betrifft in erster Linie die Gewichtung der Kriterien, die über den Zielerreichungsgrad einer Maßnahme entscheiden. Das Vorgehen hierzu wurde in der vorherigen Lektion beschrieben.

Tipp Vorsicht jedoch mit der gefühlsmäßigen Einschätzung von Wahrscheinlichkeiten oder Grundannahmen. Allzu leicht können wir uns verschätzen. Lassen Sie sich im Zweifelsfall bei wichtigen Entscheidungen mit weitreichenden Folgen von einem Experten (z. B. Marketingspezialist, Mathematiker, Fachplaner, Rechtsanwalt) unterstützen. Der kann Ihnen genaue Fakten liefern, auf die Sie sich besser stützen können als auf eigene Vermutungen.

Anschauliche Beispiele für die Entscheidungsunsicherheit mangels greifbarer oder einschätzbarer Grundlagen bietet die folgende Übung.

Übung 20: Kleines Quiz

Raten Sie, welche Werte zutreffen! Die Auflösung finden Sie im Anhang.

	(a)	(b)	(c)	(d)
1. Wenn Sie die Steine der Cheops-Pyramide nähmen und damit einen massiven Turm von 400 m² Grundfläche (20 m x 20 m) bauten, wie hoch wäre er?	900 m	2,2 km	4,7 km	6,5 km
2. Wie viel mehr Salz- als Süß-wasser gibt es auf der Erde?	4,8 mal mehr	38,5 mal mehr	130 mal mehr	3248 mal mehr
3. Wie oft passt das Volumen der Erde in die Sonne?	1300 mal	13000 mal	130000 mal	1,3 Mio. mal
4. Der Durchmesser des sicht-baren Universums beträgt ...	40 Mio. Licht-jahre	800 Mio. Licht-jahre	25 Mrd. Licht-jahre	500 Mrd. Licht-jahre
5. Das Wievielfache ihres Eigen-gewichts kann eine Ameise tragen?	45fache	300fa-che	900fa-che	2000fa-che

Fakten in Anlehnung an: Haefs, H., Handbuch des nutzlosen Wissens, 13. Auflage, München, 2001

Diese Fragen haben relativ wenig Bezug zu unseren Alltagsproblemen. Wer will schon die Cheops-Pyramide umbauen? Trotzdem zeigen Sie zweierlei: dass wir mit bloßen Vermutungen und unserem gesunden Menschenverstand oft Meilen neben der Realität liegen. Und zweitens, dass wir ohne exakte Eingangsdaten und geeignete Berechnungs-methoden keine brauchbaren Ergebnisse bekommen.

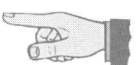

Tipp Machen Sie sich klar, dass Sie das Risiko einer Fehlentscheidung auch durch Grübeln nicht ausschließen können. Mit einem Restrisiko an Unsicherheit werden Sie immer leben müssen. Gäbe es gar kein Risiko mehr in der Welt, dann würden wir vermutlich vor Langeweile sterben. Denken Sie an ein positives Erlebnis, bei dem Sie anfangs Bedenken hatten, ob es auch gut ausgehen würde – vermutlich erinnern Sie sich immer noch gern an lebendige Momente wie diesen.

Verabschieden Sie zu hohe Ansprüche

Weichen Sie gerne Entscheidungen aus, weil Sie fürchten, die Ergebnisse könnten den Erwartungen nicht genügen? Warten Sie häufig auf bessere Bedingungen? Oder stellen Sie immer wieder neue Recherchen an, obwohl auch mit großer Anstrengung nur noch kleinste Verbesserungen erreicht werden? Und sind Sie mit den erwarteten Ergebnissen dann trotzdem oft unzufrieden? Dann sollten Sie anfangen, Ihre zu hohen Ansprüche herunterzuschrauben.

Hinter Perfektionismus verbirgt sich oft ein Mangel an Selbstwertgefühl. Der Perfektionist glaubt, alles besonders gut machen zu müssen, um Anerkennung zu verdienen. Normale Erfolge scheinen dann nicht ausreichend. Im Einzelfall kann hinter zu hohem Anspruch aber auch die Scheu vor Verantwortung stecken. Die Ziele werden so unerreichbar hoch gesetzt, dass schon die Entscheidung für eine (fehlende!) geeignete Maßnahme unmöglich wird. Ohne Entscheidung kein Ergebnis und daher auch keine Verantwortung für einen möglichen Misserfolg.

Wer sich durch seinen Perfektionismus vor Entscheidungen drückt, wird auch bei der Realisation so hohe Maßstäbe ansetzen, dass die Ergebnisse den Erwartungen nicht gerecht werden können.

Tipp Ein jederzeit gültiges Optimum gibt es nicht. Jede Bewertung eines Ergebnisses, sei es eine Ware, eine Leistung oder ein Zustand, ist relativ. Um innerhalb einer vorgegebenen Zeit ein praktikables Ergebnis zu erzielen, brauchen Sie realistische Ziele mit realistischen Erwartungen.

Daher der Appell an alle, die zu hohe Ansprüche an sich (und andere) setzen: Niemand ist perfekt und niemand erwartet das von Ihnen! Denken Sie stattdessen an Ihre bisherigen Erfolge im Leben. Nehmen Sie diese ernst und erkennen Sie Ihre Leistungen an. Nehmen Sie sich an, wie Sie sind: mit Fehlern und nicht unfehlbar. Etwas Ehrgeiz ist in Ordnung, aber bleiben Sie realistisch. Dann prüfen Sie die möglichen Alternativen und treffen darüber eine Entscheidung. Akzeptieren Sie die Ergebnisse, freuen Sie sich über Erfolge und lernen Sie aus Misserfolgen.

Selbstbewusst entscheiden

Zur Überwindung von Blockaden ist es von zentraler Bedeutung, das Selbstwertgefühl zu stärken. Denn je größer Ihre Zuversicht und das Vertrauen auf Ihre Stärken, umso mehr trauen Sie sich auch zu. So helfen Selbstwertgefühl, Selbstmotivation und positive Einstellungen, Mut zur Initiative zu gewinnen.

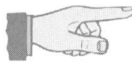

Tipp Unser Selbstwert misst sich an der Selbstwahrnehmung, der eigenen Bewertung, dem Vergleich mit anderen und der Bewertung durch andere. Das heißt nichts anderes, als dass es hauptsächlich auf uns selbst ankommt, wie wir uns einstufen und wie wir einschätzen, dass andere uns bewerten. Andere spüren unsere Selbsteinschätzung und tendieren meist dazu, diese Vorgabe zu übernehmen.

Einige Menschen meinen auch, sie können nur auf das, was sie ganz alleine schaffen, stolz sein, und lehnen Teamarbeit ab. Dabei ist es auch für das Selbstbewusstsein hilfreich, die Einzelkämpfermentalität aufzugeben und andere mit ins Boot zu holen. Dazu ein Beispiel, wie Sie es selbst vielleicht aus Ihrem beruflichen Alltag auch kennen.

Beispiel
Holger sitzt schon seit zwei Wochen an einer, wie er sagt „lächerlichen" Aufgabe. Er hat sich verrannt und kommt einfach nicht weiter. Seine Kollegen möchte er nicht um Rat fragen, um nicht als inkompetent dazustehen. Also quält er sich alleine weiter.

Mit einer etwas anderen Einstellung sich selbst und den Kollegen gegenüber könnte die ganze Sache für Holger jedoch so aussehen: Er setzt die Maßstäbe für seine Leistung nicht so hoch an und akzeptiert, dass es sich tatsächlich um eine komplizierte Aufgabe handelt. Er hat eine partnerschaftliche Einstellung zu seinen Kollegen und weiß, dass diese durchaus ein sportliches Interesse an schwierigen Problemstellungen haben. Deshalb bittet er sie um Hilfe. Im Team wird die Angelegenheit diskutiert und schließlich eine Lösung gefunden. Holger kann seine Arbeit fortsetzen und hat nebenbei seinen Kollegen das Gefühl gegeben, dass sie kompetent sind. Die Kollegen werden umgekehrt nun auch – sofern vorhanden – ihre Bedenken abbauen und sich bei Bedarf umgekehrt an Holger wenden und von ihm einen Rat einfordern.

Tipp Wenn Sie Zweifel haben, ob es richtig ist, andere um Rat zu fragen – machen Sie den Test mit dem Worst-Case (s. S. 72). Fragen Sie sich: Was könnte schlimmstenfalls passieren, wenn Sie andere mit einbinden? Selbst, wenn Sie glauben, sich zu blamieren: Sind denn alle anderen immer perfekt?

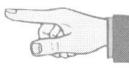

Beispiel

Selbst als Holger später bemerkt, dass die Lösung ganz simpel war und er nur ein Brett vor dem Kopf hatte, muss er sich nicht schämen. Auch der klügste Kopf sieht manchmal den Wald vor lauter Bäumen nicht. Er hat die Sache schließlich mit Humor genommen – und niemand hat an seinen Fähigkeiten gezweifelt.

Tipp Andere können Sie nicht mehr abwerten, als Sie sich selbst. Daher ist es wichtig, dass Sie ein möglichst gutes Selbstwertgefühl besitzen, das auf andere ausstrahlt.

Machen Sie sich Ihre Stärken und Fähigkeiten immer wieder bewusst: Was haben Sie gut gemacht? Was waren Ihre größten Erfolge? Was gibt Ihnen Anlass, auch etwas stolz auf sich zu sein?

Übung 21: Was macht Sie stolz?

Nennen Sie hier wichtige Ereignisse, auf die Sie stolz sind:

1.

2.

3.

4.

5.

6.

7.

8.

9.

10.

Aber ruhen Sie sich nicht auf alten Lorbeeren aus: Ihre Umgebung wird Sie nicht darum wertschätzen, weil Sie mal in der 6. Klasse einen 50-Meter-Lauf gewonnen haben. Vermeiden Sie außerdem Selbstüberschätzung: Nur weil Sie promoviert haben, sind Sie noch lange kein guter Vorgesetzter. Und wenn Sie sich als Büttenredner schon so manchen Orden verdient haben, so ist das für Ihre berufliche Qualifikation meist unerheblich. Bleiben Sie also im Berufsleben bei sich und bei den Fähigkeiten, die für die Bewältigung Ihrer Aufgaben und für ein gutes Miteinander erforderlich sind. Alles andere ist Ihr Privatvergnügen.

Mit Imaginationstechniken Ängste überwinden

Zur Überwindung persönlicher Hemmungen hilft manchmal schon eine neue Sicht der Dinge. Hierfür gibt es Methoden, die man auch selbst anwenden kann, wie beispielsweise Imaginationstechniken. Dabei stellen wir uns vor, nicht wir, sondern ein anderer hätte unser Problem, unsere Aufgabe oder unsere Angst. So können wir aus sicherer „Entfernung" beobachten, wie das Problem gelöst wird, ohne dass uns selbst etwas passieren könnte. Oft können wir dem „Betroffenen" aus unserer Distanz sogar Tipps geben und ihm helfen, „sein" Problem zu bewältigen. Diese Erkenntnisse können wir in einem späteren Schritt wiederum auf uns übertragen. Machen wir eine Übung dazu.

Übung 22: Imaginationstechnik I

Denken Sie an ein Problem (oder eine Aufgabe), das (die) Ihnen ernsthaft Sorgen bereitet. Sie werden nun mit diesem Problem eine Phantasiereise machen. Suchen Sie für diese Übung einen ruhigen Raum auf. Setzen oder legen Sie sich bequem hin und schließen Sie die Augen. Stellen Sie sich nun Ihr Problem genau vor. Was genau ist die Aufgabe? Wo gibt es Widerstände? Stellen Sie sich nun vor, jemand anderes muss dieses Problem lösen. Stellen Sie sich diese Person genau vor. Sehen Sie ihr zu, wie sie das Problem löst: Stellen Sie sich vor, wie sie selbstbewusst, kompetent und entscheidungsfreudig handelt. Wie geht die Person an die Sache heran? Welche Schritte unternimmt sie? Wie räumt sie Schwierigkeiten aus dem Weg? etc. Stellen Sie sich schließlich vor, wie sie die Lösung findet bzw. die Aufgabe erfolgreich abschließt.

Kommen Sie dann langsam wieder zurück, öffnen Sie Ihre Augen und lassen Sie Ihre Eindrücke nachwirken. Welche Gedanken gehen Ihnen durch den Kopf? Welche Gefühle dominieren? Schreiben Sie Ihre Eindrücke auf.

Wenn Sie sich erleichtert gefühlt haben, dass Sie das Problem los waren, sind Sie noch nicht auf dem richtigen Weg. Denn es bleibt Ihr Problem! Allerdings haben Sie nun bereits eine Lösung (gesehen). Wenn Sie diese Lösung nun selbst umsetzen, so tun Sie das natürlich auf Ihre eigene Art, aber eben selbstbewusst, kompetent und entscheidungsfreudig wie Ihr Vorbild.

Wenn Sie sich nach der Vorstellung gar minderwertig fühlen, dann sollten Sie sich vorstellen, welche Schwächen Ihr heldenhaftes Idol haben könnte: Vielleicht hat er auch schlaflose Nächte gehabt wegen des Problems? Lassen Sie sich etwas einfallen, das Ihr Idol menschlich macht und in Ihre Nähe rückt. Dann fällt es leichter, die Rollen zu tauschen.

Vielleicht waren Sie aber auch überrascht, wie leicht die Person das Problem löst. Und das ist genau der Zweck der Übung: Die innere Distanz soll Ihnen helfen, das Problem klarer zu erkennen und einen Lösungsweg zu finden. Die Visualisierung der Problemlösung versetzt Sie in die Lage, das Problem schließlich selbst anzugehen.

Waren Sie bei Ihrer Imaginationsreise mit der Entscheidung der Person nicht einverstanden? – Vielleicht kommt Ihnen dadurch ein besserer Lösungsweg in den Sinn. Oder Sie sollten noch einmal überlegen, ob Sie nicht zu perfektionistische Anforderungen stellen – an sich und andere. Wenn Sie sich bei der Übung gesträubt haben, das Problem aus der Hand zu geben, dann wissen Sie jetzt: Sie müssen es selbst machen! Auch dann hat diese Technik ihre Wirkung nicht verfehlt.

Eine Variante dieser Imaginationstechnik ist, sich genau das Gegenteil vorzustellen, wie in der folgenden Übung:

Übung 23: Imaginationstechnik II

Sie beginnen die Übung wie bereits beschrieben: Suchen Sie einen ruhigen Raum auf. Setzen oder legen Sie sich bequem hin und schließen Sie die Augen. Stellen Sie sich nun Ihr Problem genau vor. Was genau ist die Aufgabe? Wo gibt es Widerstände? Wieder übertragen Sie Ihr Problem auf eine andere Person. Diesmal aber auf jemanden, der damit seine Schwierigkeiten hat. Sicherlich kennen Sie so jemanden in Ihrem Bekanntenkreis. Haben Sie jemanden gefunden? Dann stellen Sie sich vor, wie Sie als Außenstehender von dieser Person um Rat gebeten werden. Wie reagieren Sie?

Lehnen Sie ab, der Person bei der Problemlösung zu helfen, weil Sie selbst keine Lösung wissen, oder weil Sie auch als Berater keine Lust auf das Problem haben? Oder tut Ihnen die Person Leid, weil Sie wissen, wie unlösbar dieses Problem ist? – Machen Sie sich klar: Es ist nicht mehr Ihr Problem, sondern das Ihres Bekannten. Das sollte Ihnen ausreichende Distanz bieten, sich als Außenstehende(r) der Sache ganz entspannt anzunehmen. Schließlich: Sie haben damit nichts zu tun und folglich auch nichts zu verlieren. Seien Sie sich auch bewusst, wie wichtig eine Lösung für den Bekannten ist. Sie können ihn damit nicht einfach hängen lassen!

Wenn Sie als Außenstehender feststellen, dass Sie viel lockerer mit dem Problem umgehen können und Ihnen plötzlich ganz neue Ideen zum Thema kommen, dann hat die Technik ihren Zweck voll erfüllt. Möglicherweise fühlen Sie sich in der Beraterrolle richtig kompetent. Eine dritte Variante dieser mentalen Technik empfiehlt schließlich, das Problem in die Zukunft zu verlagern. Dazu können Sie die folgende Übung machen.

Übung 24: Imaginationstechnik III

Stellen Sie sich möglichst konkret vor:

Wie könnte die Situation in einem Jahr aussehen? Wird Ihr Problem dann noch aktuell sein oder ist es bereits Schnee von gestern?

_____

Was wird in zwei oder fünf Jahren sein? Werden Sie sich dann überhaupt noch an Ihr heutiges Problem erinnern können?

_____

Und wenn Sie jemand daran erinnern wird, werden Sie lachen können über damals?

_____

Tipp Eine Lebensweisheit besagt, dass wir immer genau mit den Problemen konfrontiert werden, die wir lösen können und die zu unserer momentanen Lebenssituation passen. Versuchen Sie also, ein Hindernis als Herausforderung zu sehen. Daran können Sie wachsen – und Ihren Zielen jedes Mal ein Stück näher kommen.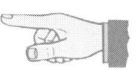

Mit Konzentration Aufgaben lösen

Mit Logik und Verstand gegen Konfusion

Manchmal verhindert Verwirrung, eine klare Entscheidung zu treffen. Da schwirren Argumente und Aspekte der Alternativen ungeordnet durcheinander, Prioritäten und Ziele sind unklar, vor allem aber wird die logische Struktur des Problems nicht erkannt. So fällt es natürlich schwer, für die Aufgabe ausreichend Motivation, Konzentration und Aufmerksamkeit aufzubringen. Ein Beispiel aus dem Alltag mag veranschaulichen, wie unreflektiert wir teilweise unsere Entscheidungen fällen.

Beispiel

Wir befinden uns in einem Rate-Quiz mit einem Zweier-Rateteam, das gemeinsam Fragen beantwortet, wobei der Zweite jeweils drei Möglichkeiten hat, auf die Antwort des ersten zu reagieren. Er kann a) die bestehende Antwort akzeptieren, b) Veto einlegen und eine andere Antwort wählen oder c) Veto einlegen und die Frage gegen eine (hoffentlich leichtere) tauschen. Der Moderator hat eigentlich keine beratende Funktion, sondern nimmt nur die Antworten der Kandidaten entgegen. Soweit die Regeln, nun die

Frage: „Welchen Teil vom Hund nennt man auch ‚Fang'?

A: Pfote, B: Maul, C: Ohr, D: Schwanz?"

Kandidat 1 (spontan): „Keine Ahnung, ich nehme den Schwanz. Mein Partner weiß das bestimmt, der hatte mal einen Hund."

Kandidat 2: „Also, ganz sicher bin ich mir nicht, aber ... ich bleibe bei Schwanz!"

Moderator: „Veto und tauschen?"

Kandidat 2 (zögert): „Ja, dann lieber Veto und tauschen."

Später müssen die Kandidaten folgende Frage beantworten:

„Wenn 5 Dutzend 1,80 Euro kosten, wie viel kosten dann 5 Stück? A: 5 Cent B: 12 Cent C: 15 Cent D: 24 Cent?"

Kandidat 1 (ratlos): „Oh je, Mathematik. Da haben Sie mich aber erwischt. Ich hoffe, mein Partner weiß das. Ich sage mal, weiß nicht, 5 Cent. Oder nein, ich nehme 12. Ach ne, doch lieber 24 Cent."

Kandidat 2: „Ja, ich habe das mal versucht zu rechnen, aber komme da auch auf kein Ergebnis (?), also 1,80 durch 5 geht ja schon mal nicht, oder!? Weil 1,80 ist ja kleiner als 5. Das wäre dann ja so etwas wie ein Bruch. Oder dann halt 5 Brüche (?). Also, ich sage Veto und nehme Antwort B: 12 Cent."

Nun mögen Sie sagen, so etwas kann Ihnen nicht passieren. Es ist jedoch weit verbreitet, dass Menschen zwar so tun, als würden sie nachdenken, aber in Wirklichkeit raten sie einfach blind und ohne jede Orientierung drauflos. Die „Qualität" der daraus resultierenden Entscheidung ist offensichtlich. In beiden Fällen können wir mit Logik der Lösung auf die Schliche kommen. Womit fängt ein Hund einen Stock, einen Ball oder seine Beute? Mit dem Schwanz? Im zweiten Beispiel sind wir mit einem einfachen Dreisatz fein raus: 5 Dutzend = 5 x 12 = 60. 1,80 (Euro) = 180 Cent. 180 : 60 = 3 (Cent). 3 x 5 = 15 Cent. Schon hätten wir durch Nachdenken die (richtige!) Lösung.

Ist es Nervosität, die uns geistig derart lähmen kann? Oder haben die Kandidaten einfach nicht gelernt, logische Schlüsse zu ziehen? – Mit der folgenden kniffligen Aufgabe testen Sie Ihre eigene Herangehensweise an logische Probleme.

Übung 25: Logische Analyse

Ein Händler kaufte für 280 Euro einen Fotoapparat zurück, den er zuvor für 300 Euro verkauft hatte. Dann verkaufte er ihn erneut, diesmal für 285 Euro. Wie hoch ist insgesamt sein Gewinn aus allen Käufen und Verkäufen? Fünf Einschätzungen – fünf Ergebnisse. Bitte beurteilen Sie selbst:

A) Beim Rückkauf hatte er ganz klar zwanzig Euro verdient, denn er hatte den Fotoapparat zurück und zwanzig Euro mehr in der Tasche. Bei dem zweiten Verkauf verdiente er nochmals fünf Euro daran, zusammen also 25 Euro.

B) Nein: Zu Anfang besitzt er einen Fotoapparat im Wert von 300 Euro, am Ende hat er keinen Fotoapparat mehr, dafür aber 305 Euro. Die Differenz von 5 Euro ist sein Gewinn.

C) In Wirklichkeit ist es aber so: Nur durch den Rückkauf macht er einen Gewinn von zwanzig Euro, der zweite Verkauf ist ein einfacher Tausch von Fotoapparat gegen Geld. Sein Gewinn beträgt deshalb genau 20 Euro.

D) Ganz anders: Bereits der erste Verkauf war ein Gewinn von 15 Euro gegenüber dem zweiten Verkauf, zuzüglich der 20 Euro Rückverkaufserlös und den 5 Euro vom zweiten Verkauf sind es 40 Euro Gewinn.

E) Keine der angebotenen Lösungen sagt aus, welchen Gewinn er tatsächlich gemacht hat.

Haben Sie sich für eine Meinung entschieden? Sind Sie sich ganz sicher? Überlegen Sie noch einmal! – Entscheiden Sie sich jetzt – dann erst lesen Sie im Lösungsteil nach!

In dieser Aufgabe ging es also darum, über die gegebenen Größen hinaus zu denken bzw. zu fragen, ob die Eingangsgrößen ausreichen, um die Fragestellung zu beantworten. Diesem Fall begegnen wir in der Praxis häufig. Der Versuch, Entscheidungen auf mangelhafter Datengrundlage zu fällen, bringt viel Unsicherheit und auch Meinungsverschiedenheit mit sich. Ein Indiz dafür, dass wir den betrachteten Horizont überprüfen sollten. Ansonsten steht unsere Entscheidung auf wackligen Beinen.

So steigern Sie Ihre Konzentration

Was tun Sie, wenn Sie merken, Sie können sich nicht auf Ihre Arbeit konzentrieren? Möglicherweise sind Sie emotional besonders angespannt, vielleicht durch privaten Ärger oder finanzielle Sorgen. Oder Sie sind in Gedanken bereits bei Ihrem Hobby. Wo auch immer die Ursachen liegen – wenn Ihre Gedanken immer wieder abschweifen, können Sie sich natürlich nicht richtig Ihrer Aufgabe widmen.

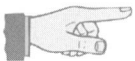

Tipp Als Sofortmaßnahme eignet sich folgende Methode: Legen Sie die Arbeit für einen Moment zur Seite. Schließen Sie die Augen, atmen Sie langsam tief aus. Denken Sie beim Einatmen an etwas, das Ihnen wichtig ist und Freude macht, z. B. Ihr Kind, Partner, Garten, Urlaub etc. Wiederholen Sie diese Vorstellung in diesem Atemrhythmus ein paar Mal. Dann nehmen Sie sich vor, die Aufgabe Ihrem Kind, Partner etc. zuliebe besonders gut zu machen. Das gelingt umso leichter, wenn sich ein kausaler Zusammenhang finden lässt, sonst erfinden Sie eben einen, zum Beispiel: „Wenn ich die Tabelle komplett richtig bearbeite, haben wir am Wochenende bestimmt Glück mit dem Wetter." Die Logik ist dabei nicht so entscheidend, man muss nur daran glauben!

Ihre Konzentrationsfähigkeit können Sie langfristig mit Denksportaufgaben trainieren, zum Beispiel mit mathematischen Rätseln, wie sie in zahlreichen Magazinen, Büchern oder auf CD angeboten werden. Auch die folgende Übung erfordert Ihre Konzentration und logisches Denken. Wenn Sie die Lösung ohne Stift und Papier finden, so verfügen Sie über eine äußerst gute Konzentrationsfähigkeit. Versuchen Sie zunächst, selbst auf einen systematischen Lösungsweg zu kommen, bevor Sie die Hilfestellung lesen.

Übung 26: Logisches Rätsel

Holger, Toni, Jakob und Sven trainieren einmal wöchentlich ihre Sportart. Darüber ist Folgendes bekannt:

- Der Fußballer trainiert montags.
- Jakob spielt Tennis.
- Jedes Training findet an einem anderen Tag statt.
- Sven trainiert nicht am Dienstag.
- Der Tennisspieler spielt nicht am Freitag.
- Holger spielt Golf.
- Mittwoch ist kein Training.
- Judo ist am Dienstag.

Wer trainiert welche Sportart an welchem Wochentag?

Hilfestellung: Die Aufgabe wird leichter, wenn Sie eine Tabelle benutzen:

	Golf	Judo	Tennis	Fußball
Montag				
Dienstag				
Mittwoch				
Donnerstag				
Freitag				

Zutreffende Kombinationen erhalten ein Kreuz, Ausschlüsse eine Null. Komplettieren Sie nun mit den Aussagen der Aufgabenstellung schrittweise die leeren Felder. Die Lösung finden Sie im Anhang.

Tipp Was Ihre Konzentration außerdem fördert, ist eine gesunde Ernährung, ausreichend Schlaf und ein echtes Interesse am Thema. Dieser letzte Aspekt wird oftmals unterschätzt. Denn natürlich können wir uns weniger gut auf Dinge konzentrieren, die uns vollkommen gleichgültig sind.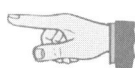

Wenn Sie es in Ihrem Job überwiegend mit Ihnen uninteressant erscheinenden Themen zu tun haben, sollten Sie sich überlegen, ob Sie nicht vielleicht besser in einen anderen Bereich wechseln. Oder Sie lassen sich mehr auf das Thema ein und entdecken Gemeinsamkeiten und Bezüge zu anderen Dingen, die Sie mögen. Unfug wäre es, wenn Sie nur aus Pflichtgefühl auf Ihrem Posten ausharren. Leider sitzen nicht wenige Menschen auf solchen „Pflichtposten", ohne dass sie sagen könnten warum. Es ist einfach der Platz, an den sie das Leben gespült hat. Und entsprechend wenig engagiert üben sie ihre Tätigkeit auch aus. Dabei gibt es bestimmt Menschen, für die diese Stelle genau das Richtige wäre. Wer jedoch die richtige Aufgabe findet, wird motiviert und konzentriert arbeiten können und sich stärker mit seiner Situation und seinem Umfeld identifizieren.

Wenn Sie Probleme mit der letzten Aufgabe hatten, hier noch ein Lösungshinweis: Am Freitag wird Golf gespielt.

Mit Auszeiten dem Entscheidungsdruck entkommen

Je mehr sich das Denken im Kreis dreht, je länger wir grübeln, desto enger werden die Gedanken und desto unwahrscheinlicher eine gute Lösung. Offensichtlich macht unser geistiger Apparat damit auf einen Überlastungszustand aufmerksam. Falsch wäre es in solch einer Situation, Ergebnisse erzwingen zu wollen. Auch wenn zeitlicher Druck besteht: Gönnen Sie sich eine Auszeit und machen Sie etwas ganz anderes. Joggen, reiten, schwimmen, wandern Sie, hacken Sie Holz oder streichen Sie den Gartenzaun. Lassen Sie sich dabei ganz auf die Tätigkeit ein. Das löst den Knoten – und oft kommen Sie dann auf eine ganz einfache und nahe Lösung des Problems.

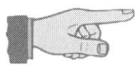

Tipp Wenn die Übersicht verloren geht, fällt es schwer, sich zu orientieren und eine Entscheidung zu fällen. Ordnen Sie daher das Entscheidungsmaterial nach sinnvollen Einheiten. Ist das Entscheidungsprojekt zu groß, gliedern Sie es in überschaubare Teilprojekte. Das betrifft auch die organisatorische Gliederung (beispielsweise in Aktenordner mit beschrifteten Registerblättern zum leichteren Auffinden der relevanten Abschnitte). Zum anderen gliedern Sie große Aufgaben in überschaubare Teilaufgaben, die nacheinander oder auch parallel beurteilt, entschieden und abgearbeitet werden können.

Prüfen Sie im Falle von Konfusion auch folgende Fragen: Wurde das Oberziel klar definiert? Sind die Unterziele alle geeignet, dieses Oberziel zu realisieren? Treten manche Ziele doppelt auf? Wurden geeignete Maßnahmen ausgewählt? Wurden Maßnahmen mit Unterzielen vermischt? Geben die Kriterien Aufschluss über den Zielerreichungsgrad der Maßnahmen? Ist die Gewichtung und Bewertung der Kriterien realistisch und nachvollziehbar?

Wenn Sie diese Fragen geprüft haben, sollte Ihr Bewertungsschema übersichtlich und aussagekräftig sein. Diskutieren Sie es auch mit Kollegen oder Freunden. Eventuell wurde ein Aspekt vergessen?

Mit Ruhe Herausforderungen meistern

In der Ruhe liegt die Kraft. Dabei hat Ruhe zwei Aspekte: zunächst die innere Ruhe von konzentrierter Aufmerksamkeit, gesammelter Verfassung, zum Zweiten aber auch die äußere Ungestörtheit durch das Umfeld.

Durch ein ausgeglichenes Leben schaffen Sie sich die innere Ruhe, um sich Ihren Aufgaben voll zu widmen. Achten Sie auf einen guten Mix von geistiger und körperlicher Anstrengung und entsprechender Entspannung. Einseitige Überlastung führt zu Unzufriedenheit und Stress, sodass es Ihnen schwer fällt, sich auf Ihre Arbeit einzulassen.

Die äußere Ruhe ist ebenfalls wesentlich für ein gutes Gelingen. Wenn in einer von Hektik und Ablenkung geprägten Umgebung überhaupt eine gute Arbeit entstehen soll, braucht diese ein Vielfaches an Energie und Zeit. In Ruhe zu arbeiten ist indes nicht immer leicht, zu viele Störquellen hält unser Arbeitsalltag bereit: Telefon, Radio, Gespräche, Straßen- und Baustellenlärm, der Lärm von Büromaschinen usw.

Zunächst empfiehlt sich ein Terminmanagement, mit dem Sie Zeiten definieren, in denen Sie ungestört sein wollen. Machen Sie die Tür zu oder grenzen Sie sich wenigstens durch Sichtschutz von Kollegen räumlich ab. Legen Sie Sprechzeiten fest und versuchen Sie sich mit Ihren Kollegen zu einigen, zu welcher Uhrzeit Musik oder Gespräche möglich sind. Vielleicht organisieren Sie auch Zeiten, zu denen Sie wechselseitig eingehende Anrufe für Kollegen entgegennehmen.

Der Zeitnot entkommen

Es hat sich wohl herumgesprochen, dass Entscheidungen unter Zeitnot in der Regel nicht die besten sind. Das hält viele Menschen aber nicht davon ab, eine Entscheidung so lange wie möglich aufzuschieben, um sie dann unter Stress schnell und halb überlegt zu fällen. Auch dahinter steckt oft die Angst vor Kritik. Durch den Trick der (selbst geschaffenen) Zeitnot lässt sich die mangelnde Qualität des Ergebnisses immerhin rechtfertigen. Hätte man mehr Zeit dafür aufgewendet, stünde man mit seiner Entscheidung schließlich voll in der Kritik. Gegen diese vorgeschobene Zeitnot hilft nur die Erkenntnis, dass man sich mit dieser Strategie keinen wirklichen Gefallen erweist, denn der „schludrige" Eindruck lässt sich letztlich schlecht verbergen. Die andere Seite ist die von außen verursachte, aufgezwungene Zeitnot. So bemühen sich manche Auftragnehmer, die Kundenwünsche trotz unrealistischer Zeitvorgaben zu erfüllen. Das fängt bei der Auftragskalkulation an, streckt sich über die Vertragsgestaltung bis hin zur Abwicklung. Manche Auftraggeber setzen ihre Partner damit so unter Druck, dass keine Phase der Kooperation davon ausgenommen bleibt. Entsprechend wirr und konzeptlos versucht der Auftragnehmer mit (zu) schnellen Entscheidungen das vorgegebene Zeitdefizit zu beheben.

Sowohl das Aufschieben wie auch ein Beschleunigen von Entscheidungen entbindet Sie nicht von der Verantwortung für die Ergebnisse. Zwar können Sie sich bei Kritik und Reklamationen auf die knappe Zeit berufen, jedoch rächt sich das Vorgehen mit einem schlechten Image. Beginnen Sie daher rechtzeitig Ihre Entscheidung vorzubereiten. Planen Sie ausreichend Zeit für die Verarbeitung der Informationen und für die Entscheidungsfindung selbst ein. Nehmen Sie sich auch gegenüber ungeduldigen Kunden die Freiheit, wichtige Entscheidungen gründlich vorzubereiten.

Denken Sie daran, Betroffene und Fachberater frühzeitig in den Entscheidungsprozess einzubinden. Delegieren Sie die notwendige Informationsbeschaffung. Setzen Sie Prioritäten und lassen Sie Detailfragen durch qualifizierte Mitarbeiter klären.

Übung 27: Sich gegen Zeitdruck wehren

Ihr Hauptkunde versucht Sie zu einer schnellen Zusage zu drängen: Schlagen Sie nicht zu, erhält ein anderer Anbieter den Zuschlag. Ihnen ist das nicht geheuer, schließlich geht es um viel Geld, und eine Fehlentscheidung könnte Sie teuer zu stehen kommen. Wie reagieren Sie?

1. Sie halten den Kunden mit immer wieder neuen Ausreden hin.
2. Sie kopieren einfach das letzte Angebot, damit der Kunde schnell etwas bekommt. Das „Missverständnis" verschafft Ihnen Aufschub.
3. Sie stellen in höchster Eile ein in etwa passendes Angebot zusammen.
4. Sie lassen den Kunden ziehen. Soll er doch einen anderen Zulieferer terrorisieren.
5. Sie stellen feste Regeln auf, die nicht nur für Ihre Mitarbeiter, sondern auch für Ihre Kunden gelten.
6. Sie bitten um Verständnis, dass Sie Ihr Angebot erst in zwei Tagen abgeben können, und beziehen sich dabei auf die vom Kunden geforderte Qualität der gesamten Abwicklung.
7. Sie geben den Druck an den Vertrieb weiter.
8. Sie lassen sich durch nichts in Ihrer Ruhe beirren und schreiben das Angebot, wenn Sie dazu Lust und Zeit haben.

Hinweise zu Ihren Antworten finden Sie im Anhang.

Trägheit und Mutlosigkeit überwinden

Entscheidungen werden oft aus Trägheit aufgeschoben. Dahinter steckt jedoch nicht immer nur pure Bequemlichkeit, sondern zuweilen schlicht die Angst vor Veränderungen. Das Gewohnte schafft Sicherheit, dagegen bringen Maßnahmen ungewisse Veränderungen mit sich. Die Auswirkungen auf die Zukunft lassen sich dabei oft nicht abschätzen. Veränderungen, die uns Nachteile bescheren könnten, lehnen wir aus nahe liegenden Gründen ab – und so wird eine anstehende Entscheidung hinausgezögert. Ein anderer Grund für „Entscheidungsfaulheit" kann die bereits genannte Angst vor Kritik sein. Dabei muss es nicht einmal die konkrete Kritik an einer Fehlentscheidung sein; allein schon die Furcht vor Ablehnung der eigenen Meinung kann verhindern, dass eine Entscheidung getroffen wird.

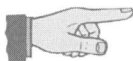

Tipp Veränderungen sollten Sie als normale Prozesse im Leben akzeptieren. Sie werden den Status quo nicht aufrechterhalten, indem Sie eine Entscheidung über die Zukunft aufschieben. Suchen Sie sich Verbündete, die Ihre Ideen und Vorschläge unterstützen. Das hat doppelten Nutzen: es nimmt die Angst vor Kritik und beschleunigt zugleich Ihr Vorankommen. Um andere Menschen für Ihr Anliegen zu gewinnen, sollten Sie sich die Frage stellen, wie Sie im Gegenzug den anderen helfen können. So können Sie stabile Allianzen bilden, indem Sie sich gegenseitig unterstützen und Sicherheit geben.

„Nicht weil es schwer ist, wagen wir es nicht – sondern weil wir es nicht wagen, ist es schwer." Dieser Satz von Seneca trifft sehr gut den Zustand, wenn uns der Mut zur Entscheidung fehlt und wir beginnen, ein schwieriges Problem zu verdrängen. Dann werden oft frühere Misserfolge auf zukünftige Entscheidungen „hochgerechnet" und Widerstände von vornherein als unüberwindbar eingestuft. Die Maßnahmen scheinen zu schwach, man selbst zu inkompetent. Keine gute Basis, um als „tatkräftiger Visionär" die Geschicke des eigenen Lebens oder eines Unternehmens zu entscheiden. Gerade in ausweglos erscheinenden Situationen hilft es daher, nicht nur nach „der einen durchschlagenden" Maßnahme zu suchen, sondern viele kleine Schritte zu unternehmen, um das Problem von verschiedenen Seiten anzupacken und zu lösen.

Beispiel

Monika D. hat über ihre Verhältnisse gelebt. Die vergangenen fünf Jahre hat sie immer wieder neue Kredite und Ratenzahlungsverträge abgeschlossen, um sich ihren Lebensstandard leisten zu können. Doch die monatlichen Belastungen wurden zunehmend höher. Dann kam ein selbstverschuldeter Autounfall. Um den fremden Schaden zahlen zu können, nahm sie einen privaten Sofortkredit auf – bei der Bank bekam sie keinen mehr. Doch zu allem Unglück erkrankte Monika längere Zeit, so dass sie die monatlichen Verpflichtungen mit ihrem reduzierten Einkommen überhaupt nicht mehr bedienen konnte. Die Lage schien aussichtslos. Wieder genesen, entschloss sie sich, ihre Situation aktiv anzugehen. Sie definierte als Oberziel „schuldenfrei sein" und leitete davon geeignete Unterziele ab. Dafür fand Sie konkrete Maßnahmen, die sich direkt umsetzen ließen. Sie suchte eine Schuldnerberatung auf, die ihr Einsparpotenzial ermitteln und einen langfristigen Plan zum konsequenten Abbau des aufgelaufenen Schuldenbergs erstellten sollte. Sie suchte Unterstützung bei Verwandten und kümmerte sich um eine Umschuldung, um die Zinsbelastung zu senken. Gleichzeitig begann sie, ihre Ausgaben konsequent zu reduzieren. Durch einen kleinen Nebenjob schuf sie sich ein Zusatzeinkommen. So konnte sich Monika langsam, aber sicher wieder hochrappeln.

Tipp Eine besondere Form der Mutlosigkeit ist die der Opferrolle. Wer sich als Opfer höherer Mächte sieht (z. B. seines Vorgesetzten, des Staats oder anderer Autoritäten), wird stets nur deren äußeren Vorgaben folgen. Wer sich daraus befreien will, muss Verantwortung für sich übernehmen und bereit sein, äußere Widerstände zu überwinden. Aber die Sache lohnt sich; schließlich ist die Freiheit eines selbst bestimmten Lebens doch ein paar Auseinandersetzungen wert!

Wer sich dazu momentan nicht in der Lage fühlt, der sollte sich die Frage beantworten, wie viele Jahre oder Jahrzehnte er noch warten will, bis der Leidensdruck endlich groß genug sein wird, die eigene Mutlosigkeit und Bequemlichkeit zu überwinden – und seine Entscheidungen und Aufgaben, seien es große oder kleine, endlich anzugehen. Dazu können Sie gleich eine kleine Übung machen.

Übung 28: Wann will ich meine Ziele verwirklichen?

Tragen Sie hier ein, wie lange Sie persönlich mit Ihren Lebenszielen noch warten wollen: _____ Stunden / Tage / Wochen / Monate / Jahre
Ermitteln Sie aus einem Kalender das Datum dieses Termins. Sie beginnen also exakt am: _____
Tragen Sie diesen Termin unbedingt in Ihren Kalender ein! Es ist der Tag, an dem Sie beginnen, Ihre Ziele zu realisieren.

So überwinden Sie Bequemlichkeit

Betrachten wir, welche Aufgaben aufgeschoben werden, so sind es meistens nicht die unwichtigen Kleinigkeiten oder die als angenehm empfundenen Dinge. Vielmehr neigen wir dazu, die schwierigen, wichtigen und großen Aufgaben vor uns her zu schieben, solche, die uns wirklich fordern und die möglicherweise auch unangenehme Konsequenzen mit sich bringen könnten. Doch dieses sind die Aufgaben, an denen wir gemessen werden und die uns persönlich wie auch beruflich weiter bringen. Bedenken Sie: Bequemlichkeit mindert nicht nur unsere Lebensqualität durch die ständig mahnenden Pflicht- und Schuldgefühle; wer selbst untätig bleibt, muss sich auch oft damit abfinden, dass andere aktiv werden und dadurch die Realitäten vorgeben, denen man sich wiederum fügen muss.

Wenn Sie erfolgreich sein wollen, aber zur Bequemlichkeit neigen, müssen Sie Ihre Einstellung ändern:

- Fragen Sie sich, warum Sie eine bestimmte Aufgabe nicht bearbeiten oder ein Problem nicht angehen wollen. Wenn Sie die wahren Gründe kennen, haben Sie die Chance, damit umzugehen und einen Weg zu finden.
- Akzeptieren Sie in Ihrer Arbeit kein Lustprinzip. Ihre Aufgaben sind nicht dazu da, Sie zu erfreuen. Sie können aber durch Belohnungen versuchen, selbst unangenehmen Pflichten positive Seiten abzugewinnen.
- Würdigen Sie auch kleine Fortschritte, freuen Sie sich an der Erreichung von Teilzielen. So steigern Sie Ihre Motivation zum Weitermachen.
- Lassen Sie sich voll auf Ihre Arbeit ein, dann werden Sie zugleich auch mehr Interesse an der Tätigkeit entwickeln. Selbst unattraktive Aufgaben beinhalten interessante Aspekte, die es zu entdecken lohnt.

Befreien Sie sich von Zwängen

Gerade die unangenehmen Dinge werden oftmals als Zwang wahrgenommen: „Ich muss noch den Bericht schreiben", „Ich muss schon wieder zum Zahnarzt". Solche Gedanken erzeugen Druck. Und wer hat nicht die Neigung, Druck auszuweichen? Wie wäre es denn, wenn Sie unangenehme Dinge einmal umdefinieren? Probieren Sie es mit der folgenden Übung aus: Müssen Sie – oder wollen Sie?

Übung 29: Zwänge positiv deuten

Setzen Sie den folgenden Muss-Aussagen eigene Will-Aussagen gegenüber. Also statt „Ich muss die an mich gestellten Erwartungen erfüllen." – „Ich will herausfinden, was ich wirklich noch zu tun habe." Dabei können Sie auch die schwächeren Formen „Ich möchte..." oder „Ich mag..." verwenden. In den letzten Zeilen können Sie Zwänge, denen Sie aktuell zu unterliegen glauben, ergänzen und entsprechend umdefinieren.

Ich muss den Anweisungen meines Chefs folgen.	Ich möchte eine gute, erfolgreiche Zusammenarbeit erreichen.
Ich muss funktionieren, sonst werde ich entlassen.	
Ich will ...	
Immer muss ich nachgeben.	
Ich muss hohe Fixkosten bezahlen.	
Ich muss mich beeilen.	
Ich muss modisch gekleidet sein, um anerkannt zu werden.	
Ich muss mich für _____ interessieren, weil es in der Firma ständiges Gesprächsthema ist.	
Ich muss die Nachrichten sehen, um informiert zu sein.	
Ich muss ständig erreichbar sein.	
Ich muss ein Weihnachtsgeschenk finden.	

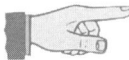

Tipp Wenn Sie definieren, dass Sie pünktlich sein wollen, statt sich beeilen zu müssen, so ist das ein erster Schritt heraus aus der Opferrolle. Sie wählen selbst, statt eine auferlegte Pflicht zu erfüllen. Entsprechend können Sie sich auch wirkungsvoll motivieren pünktlich zu sein. Aus der früheren Ablehnung gegen äußeren Druck wird ein Erfolgserlebnis, weil Sie ein gestecktes Ziel immer wieder erreichen.

Beispiel

Nehmen wir das Beispiel „Nachrichten sehen müssen". Diesen Zwang definieren Sie im ersten Schritt zum Ziel um: Ich will Nachrichten sehen. Vielleicht empfinden Sie aber auch, dass die immer wiederkehrenden schlechten Nachrichten nur Mutlosigkeit verbreiten. Dann wählen Sie ein anderes Medium, aus dem Sie sich informieren. So entstehen aus der Umwandlung von Zwängen auch Freiheiten durch neue Fragestellungen.

Erkennen Sie irrelevante Probleme

Eine weit verbreitete Schwäche: Man beschäftigt sich gerne mit den irrelevanten Aspekten einer Entscheidung oder eines Problems. Damit läuft man aber Gefahr, sich mit Lösungsalternativen zu beschäftigen, die den eigentlichen Zielen gar nicht dienen. Oder man beschäftigt sich mit solchen Fragen, die noch gar nicht relevant sind – wenn Sie etwa den zweiten Schritt vor dem ersten tun:

Beispiel

Es geht um die CeBit. Irgendjemand aus Ihrer Abteilung sollte die Fachmesse besuchen. Sie sind bislang immer gefahren, und jetzt grübeln Sie schon: Nehme ich die Autobahn über Kassel? Reicht ein Tag oder buche ich ein Zimmer? Wo buche ich dieses Mal? Soll ich schon am Montag anreisen? Will ich alleine fahren? Welche Termine muss ich vorab ausmachen? Doch die meisten dieser Fragen sind irrelevant – denn Sie wissen noch gar nicht, ob Ihr aktuelles Projekt, das in einer heißen Phase ist, die Reise auch zulässt. Sie müssen erst einmal die nächste Sitzung abwarten – um dann abteilungsintern zu klären, wer die Messe besucht. Entsprechend sollten Sie bei der Planung des CeBit-Besuchs zunächst alle von Ihnen abhängigen Aspekte vorerst zurückstellen.

Schließen Sie also irrelevante Aspekte frühzeitig aus, um den Überblick zu bewahren und sich nicht in ungeeignete Lösungsalternativen zu verrennen. Definieren Sie dazu geeignete Ausschlusskriterien. Mit diesen kochen Sie die Gesamtheit der möglichen Alternativen auf eine gut handhabbare Menge ein.

Aber auch bei der Wahl der Ausschlusskriterien ist Vorsicht geboten. Allzu leicht geht man hier von unzutreffenden Annahmen aus. So hört man oft das Argument, eine bestimmte Lösung „käme ja ohnehin nicht in Frage". Und das nicht einmal, weil die Lösung schlecht wäre, sondern einzig deshalb, weil hierfür in den entscheidenden Gremien keine Mehrheit vermutet wird.

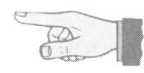

Tipp Verwerfen Sie keine Alternative zu früh, nur weil sie vermutlich nicht konsensfähig ist. Denn erstens muss Ihre Einschätzung diesbezüglich nicht unbedingt richtig sein, und zweitens kann sich die Konsensfähigkeit im weiteren Verlauf durchaus noch wandeln. Nämlich meistens dann, wenn neue Erkenntnisse Bedeutung gewinnen oder sich die Rahmenbedingungen ändern.

Achten Sie auf eine klare, eindeutige Fragestellung, bewahren Sie einen möglichst objektiven Blickwinkel und prüfen Sie die Relevanz der anstehenden Entscheidungen. Das können Sie mit der folgenden Übung gleich trainieren.

Übung 30: Was ist entscheidungsrelevant?

Als Personalverantwortlicher haben Sie die Aufgabe, aus 200 Bewerbungen den oder die Richtige/n für Ihr Unternehmen zu finden, um eine wichtige Stelle zu besetzen. Sie haben dafür vier Wochen Zeit, dann muss eine Entscheidung vorliegen. Wie gehen Sie vor? Wählen Sie aus den Antwortmöglichkeiten die relevanten Schritte aus und bringen Sie diese in die richtige Reihenfolge. Die übrigen streichen Sie. Die Lösung finden Sie im Anhang.

Maßnahme	Schritt
A) Ich wähle aus den schriftlichen Unterlagen einen offensichtlich geeigneten Kandidaten aus, den ich zum Vorstellungsgespräch einlade. Wenn es nicht klappt, weiche ich auf den Nächsten aus.	
B) Ich rufe alle an und entscheide nach Sympathie, welche eingeladen werden.	
C) Ich delegiere die Auswahl an meine Sachbearbeiter.	
D) Ich lade alle Bewerber gemeinsam zu einer Vorstellungsrunde ein. Wer darin besonders positiv auffällt, bekommt ein Einzelgespräch.	
E) Ich definiere Muss- und Killerkriterien.	
F) Ich lasse je vier Bewerber gegeneinander antreten. Wer die meisten Punkte macht, kommt in die zweite Qualifikationsrunde.	
G) Ich treffe eine Vorauswahl.	
H) Ich schicke die Bewerber in ein Assessment-Center.	
I) Ich bemühe mich um Gerechtigkeit und konzentriere mich nur auf die fachliche Qualifikation.	
J) Ich erstelle ein Anforderungsprofil für die zu besetzende Stelle.	

Die Kunst der richtigen Frage

Entscheidungen sind Antworten auf Fragen. Doch spielt es eine große Rolle, wie bei einem Problem die Frage gestellt wird. Das Beispiel mit der CeBit hat bereits gezeigt, dass es Entscheidungsprozesse gibt, die auf der Grundlage einer falschen Ausgangsfrage zu keinen brauchbaren Ergebnissen führen.

Gerade dort, wo sich Routinen festgesetzt haben, sind in der Regel bestimmte Fragestellungen vorgegeben. Dies führt zu gewohnten Antworten und gewohntem Verhalten – die zu hinterfragen sich allerdings lohnen kann. Wechseln Sie daher mit Ihren Fragestellungen öfter auch mal die Perspektive!

Geben Sie Ihre spontanen Antworten auf folgende Fragen:

- Wann soll ich meinen Kunden anrufen?
- Rufe ich den Kunden heute noch an?
- Was passiert schon, wenn ich den Kunden heute nicht mehr anrufe?

Und jetzt eine andere Perspektive:

- Wann kann ich den Kunden am besten erreichen?
- Bin ich innerlich gut auf ein problematisches Gespräch eingestellt?
- Was interessiert den Kunden vorrangig?

Erweitern Sie auch die Möglichkeiten:

- Wäre ein Fax nicht einfacher/zeitsparender?
- Habe ich die E-Mail-Adresse griffbereit?
- Kann ich dem Kunden das nicht auch morgen sagen, wenn wir uns sehen?

Tipp Variierte Fragestellungen führen zu neuen Ergebnissen, Erkenntnissen und Entscheidungen. Überprüfen Sie daher die häufigsten Fragen in Ihrem Alltag und überlegen Sie sich andere Perspektiven!

Machen Sie nun zum Abschluss dieser Lektion noch folgende Übung. Eine Auswertung finden Sie im Anhang

Übung 31: Wie gut sind meine Entscheidungen abgesichert?

	ja	nein
1. Wichtige Entscheidungen beginne ich frühzeitig vorzubereiten.		
2. Bereits zum ersten Meeting bringe ich einen Zielkatalog in die Diskussion ein.		
3. Kollegen und Vorgesetzte mache ich früh mit meinen Ideen vertraut.		
4. In Sitzungen stehe ich eisern zu meinen Argumenten.		
5. Wichtige berufliche Entscheidungen treffe ich aus dem Bauch heraus.		
6. Intuition spielt bei meinen Entscheidungen keine Rolle.		
7. Mir ist stets bewusst, welche Argumente einen gefühlsmäßigen Hintergrund haben.		
8. Für die Entscheidungshilfe Nutzwertanalyse benötige ich Ziele, Unterziele, Bewertungen, Bilanzen und Wahrscheinlichkeitsrechnung.		
9. Fremde Analysen lassen sich durch Umgewichten der Kriterien individuell anpassen.		
10. Die Konsensfähigkeit einer Maßnahme erhält in meinen Analysen ein hohes Gewicht.		
11. Blockaden bei der Entscheidungsfindung können sein: Zweifel, unrealistische Ansprüche, Bequemlichkeit und Relevanz der Fragestellung.		
12. Hinter vielen hinausgezögerten Entscheidungen steckt Angst.		

Lektion 5:
Aufgeschoben ist schlecht aufgehoben

*Ob im Großen oder im Kleinen – wer seine Aufgaben
dauernd aufschiebt, den drücken sie später umso mehr.
In dieser Lektion geht es darum, wie Sie sich selbst
motivieren können, um wichtige Dinge gleich anzupacken.
Damit sich der Erfolg auch ohne Stress einstellt,
lernen Sie außerdem, wie Sie sich besser organisieren.*

Was uns wichtige Aufgaben aufschieben lässt, sind im Großen und
Ganzen die gleichen Blockaden, wie wir sie bereits im vorherigen Kapitel kennen gelernt haben. Wer bereits unsicher mit seiner Entscheidung war, wird wahrscheinlich auch bei der Umsetzung Zweifel hinsichtlich des richtigen Zeitpunkts, der Methode oder der Umstände
anmelden.

Das Ganze ist ein Teufelskreis: Je länger Sie alles aufschieben, desto
schwieriger wird es, sich zu überwinden und den ersten Schritt zu tun.
Immer mehr Bedenken und Einwände tauchen auf, weshalb es vielleicht doch keine gute Idee wäre, dies oder jenes zu tun. Und je mehr
Probleme auftauchen, desto mehr verlässt uns der Mut. So wird manche Aufgabe vertagt, bis es gar nicht mehr anders geht. Dann überwiegt das schlechte Gewissen, die Pflichten aufgeschoben zu haben,
und die Sorge, sie möglicherweise nun gar nicht mehr innerhalb der
erforderlichen Frist bewältigen zu können.

Schließlich müssen wir dann alles auf den letzten Drücker unter
großer Anspannung bewältigen, was Wochen oder Monate zuvor ganz
entspannt hätte erledigt werden können. Am Ende leiden wir unter
dem schlechten Ergebnis einer unter Stress und Zeitnot zusammenge-
schusterten Arbeit. Wir fühlen uns unzulänglich und nicht gerade
selbstsicher.

Doch es geht auch anders. Während andere über ihr Schicksal jam-
mern, das Wetter beklagen und über den Chef meckern, machen sich
Erfolgreiche gleich an die Erledigung ihrer Aufgaben – bei der ersten
sich bietenden Gelegenheit.

Beispiel

Anke ist eine engagierte Frau. Wenn ihr ein Mann gefällt, redet sie sich keine umständlichen Gründe ein, warum er sie ablehnen würde. Stattdessen nutzt sie ihre Chance und macht sich mit ihm bekannt. (Zu Recht, denn viele Männer schätzen aktive Frauen – wie auch umgekehrt!) Beruflich scheint es bei ihr ebenfalls besser zu klappen als bei anderen. Wenn ein Projekt ausgeschrieben wird, ist sie die Erste, die sich anbietet, das Projekt zu übernehmen. Während Kollegen noch überlegen und zaudern, macht sie sich bereits konstruktive Gedanken, wie sie die Aufgabe angehen wird. Und wo andere sich darüber austauschen, dass es nun sicherlich noch nicht die richtige Zeit sei, etwas in Angriff zu nehmen, fährt sie einen Erfolg nach dem anderen ein. Sie lebt in dem Bewusstsein, das Beste aus jedem Tag gemacht zu haben.

Aufschieben schafft nur noch mehr Probleme

(*) Gehen wir also noch einmal zurück zu dem Zeitpunkt, an dem Sie die Entscheidung darüber getroffen haben, was Sie tun werden, um Ihr Ziel zu erreichen. Sie wissen also, was zu tun ist und warum. Wenn soweit alles klar ist, dann kann es ja eigentlich an die Umsetzung der Planung gehen. Aber nichts passiert, und Sie merken gleich, Ihr innerer Schweinehund ist schon wieder dabei sich durchzusetzen: Klar, irgendwann müssen Sie ran, aber nur nicht heute! Sie haben schließlich noch jede Menge Zeit und außerdem gerade heute gar keine Lust auf diese Arbeit, etc.

Dabei wird durch aufgeschobene Pflichten auch unsere Lebensqualität beeinträchtigt, stehen wir doch vor der Entscheidung, uns Wochen oder Monate lang mit einer unerledigten Aufgabe zu belasten oder dieselbe Zeit mit dem guten Gefühl einer schrittweise bewältigten Herausforderung zu verbringen und uns zudem noch auf ein Ziel zu freuen. Bei so vielen guten Gründen sollte uns eigentlich nichts davon abhalten, Dinge gleich zu erledigen. Wie können Sie sich dazu selbst motivieren?

Mit mehr Motivation an die Arbeit

Sie wollen Erfolg und Anerkennung für Ihre Taten. Sie wollen Verantwortung übernehmen und suchen den Erfolg in der Herausforderung. Sie streben gute Ergebnisse an, Sie brauchen Bestätigung. Sie haben Visionen und sind begeistert von Ihren Zielen. Kurz: Sie sind motiviert.

Was ist Motivation?

Motivation ist die Bereitschaft, Einsatz zu bringen, und abhängig von drei zentralen Faktoren:

● Welchen Nutzen oder Gewinn lässt mein Handeln erwarten?
● Wie wahrscheinlich werden diese Vorteile eintreten?
● Welche Möglichkeiten habe ich, das Ergebnis selbst zu beeinflussen?

Je höher der Nutzen, je wahrscheinlicher positive Ergebnisse und je mehr Einfluss Sie haben, umso motivierter werden wahrscheinlich auch Sie an Ihre Aufgaben gehen.
Gute Gründe also, die antreibende Kraft der Motivation für das Erreichen der eigenen Ziele einzusetzen. Und das ist nicht schwer: Machen Sie sich einfach klar, was Sie gewinnen, wenn Sie Ihr Ziel erreichen. Sicherheit, Erfolg, Zufriedenheit, Freiheit, Selbstbestimmung, Unabhängigkeit, Anerkennung, Wohlstand, Freude, Beförderung, Gesundheit – entscheidend ist es nicht, was Sie gewinnen, sondern *wie wichtig* es Ihnen ist. Das heißt nichts anderes, als eine möglichst große Übereinstimmung zwischen Ihren Wünschen und der Realität zu erzielen. Stellen Sie sich vor, wie Sie dann leben, wie Sie sich fühlen und was Sie tun werden. Visualisieren Sie die positiven Vorstellungen immer wieder und spüren Sie, wie diese Vorstellungen Ihnen Kraft geben.

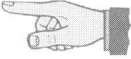

Tipp Wussten Sie übrigens, dass Motivation ansteckend wirken und Widerstände von außen abblocken kann? Sie können tatsächlich andere leichter für sich und für Ihr Ziel gewinnen, wenn Sie Ihre Projekte mit starkem inneren Antrieb und Schwung vorantreiben und Hindernisse nicht mehr als meterhohe Mauern, sondern lediglich als sportliches Beiwerk betrachten – wie die Hürden im Sport. Und wenn Ihnen die Erreichung Ihres Ziels wichtig ist, nehmen Sie dafür ja auch einiges in Kauf. Andere spüren diese Energie und vermeiden es, sich Ihrem Vorhaben in den Weg zu stellen.

Führen Sie sich das Ergebnis vor Augen

Machen Sie sich auch die negativen Auswirkungen der Handlungsalternativen bewusst. Dazu führen Sie sich die Folgen eines Aufschiebens vor Augen und stellen sich vor, wie schlecht Sie sich damit fühlen werden, wie belastend eine unerledigte Pflicht ist, und wie die

Zeit immer knapper wird. Sie spüren den Stress, der Ihnen im Nacken sitzt. Sie erleben das Gefühl von Gelähmtheit und ihre Erklärungsnöte und Ausweichmanöver bezüglich der Nachfragen seitens Ihrer Vorgesetzten. Hinzu kommen die Versagensangst und die drohende Abwertung durch die Kollegen. Nachts rauben Ihnen die Sorgen um die unerfüllten Aufgaben den Schlaf. Morgens kommen Sie nur entsprechend mühsam aus dem Bett. Frustration und ramponiertes Selbstwertgefühl geben Ihnen den Rest. Alles zusammen eine nicht gerade attraktive Vorstellung.

Nun gehen Sie den Fall umgekehrt an und motivieren sich für das sofortige Anpacken Ihrer Aufgaben. Denn dafür finden Sie gute Gründe: Je früher Sie eine Aufgabe anpacken, desto mehr Zeit haben Sie zur Verfügung, um gute Ergebnisse zu erzielen. Zeit für gute Arbeitsvorbereitung, Analyse, Recherche, Planung und Abstimmung zahlt sich am Ende in einem guten Resultat aus. Sie vermeiden unnötigen Stress und können sich besser auf die Aufgabe konzentrieren. Dann stellen Sie sich das Gefühl vor, wenn Sie die Aufgabe bewältigt haben. Sie sind zufrieden mit sich und können Ihre Freizeit entspannt genießen. Entsprechend ausgeruht und ausgeglichen widmen Sie sich am Folgetag neuen Aufgaben.

Und schließlich Ihr Triumph, wenn Sie das abgeschlossene Projekt vorstellen. Auch wenn Sie keinen tosenden Applaus ernten, die eine oder andere Anerkennung werden Sie dafür sicherlich erhalten. Hoffentlich auch von Ihrem schärfsten Kritiker: von sich selbst. Das baut Ihr Selbstwertgefühl auf und macht Ihnen Mut für weitere Taten.

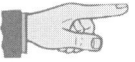

Tipp Stellen Sie sich für jeden Erfolg eine Belohnung in Aussicht. Wenn Sie Ihre Steuererklärung fertig haben, gönnen Sie sich z. B. einen Theaterbesuch. Oder wenn Ihr großes Projekt abgeschlossen ist, widmen Sie sich einen ganzen Tag lang Ihrem Hobby. Finden Sie attraktive Belohnungen, die Sie motivieren, Ihre Aufgabe zügig zu bewältigen.

Ihre Motivation ist umso stärker, je größer der erwartete Erfolg und je wahrscheinlicher sein Eintreten ist. Je attraktiver und wahrscheinlicher also die Belohnung, desto größer die Bereitschaft, sich dafür zu engagieren.

Sorgen Sie für optimale Arbeitsbedingungen

Motivationssteigernd wirkt aber auch die persönliche Einflussmöglichkeit, durch die man sich selbst als mächtig und handlungsfähig wahrnimmt. Achten Sie in diesem Zusammenhang auf ideale Arbeitsbedingungen, damit Ihre Handlungsfähigkeit auch gewährleistet ist. Dazu gehört ein guter, kompletter „Werkzeugsatz".

Beispiel

Als Schreiner wissen Sie eine scharfe Säge zu schätzen, die griffbereit am Platz hängt. Wenn Sie im Büro tätig sind, wissen Sie, welch ein Gräuel es ist, einen leeren Stift nach dem anderen in die Hand zu nehmen. Greifen Sie stattdessen lieber in eine gut sortierte Stifteschublade, wo Sie für jeden Zweck das richtige Schreibgerät finden. Ein guter Monitor erleichtert die Arbeit ebenso wie ein komplettes Programmpaket. Auch Beleuchtung und Sitzposition sind wichtige Faktoren für einen gut ausgestatteten Arbeitsplatz, an dem es Freude macht zu arbeiten.

Ein weiterer Faktor ist das Arbeitsklima. Dieses kann durch positive Gruppenerfahrungen motivierend wirken, ebenso wie eine schöne und ruhige Atmosphäre. Ständiger Lärm und Störungen können dagegen selbst eine passable Arbeitsmotivation zum erlahmen bringen.

> **Tipp** Achten Sie wenigstens für bestimmte Zeiten auf eine ungestörte Arbeitsatmosphäre, gerade wenn Sie die gesellige, gemeinschaftliche Teamarbeit einer zurückgezogenen Arbeitsweise vorziehen.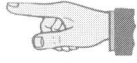

Weiterhin spielt es eine Rolle, ob wir uns mit unserer Aufgabe auf bekanntem, sicherem Terrain bewegen oder ob wir ins kalte Wasser einer neuen, unbekannten Anforderung geworfen werden. Apropos geworfen werden: Auch die Freiheit, Entscheidungen selbst treffen zu können, fördert die Motivation. Entschließen wir uns selbst, ins „kalte Wasser" zu springen, empfinden wir dies angenehmer, als wenn dies durch Anweisung von oben geschieht. Daher ist es empfehlenswert, sich selbst neue Herausforderungen zu suchen, und nicht zu warten, bis sie einem von oben diktiert werden.

Übung 32: Was hält Sie ab vom Tun?

Der Absatz auf Seite 106 mit dem (*) enthält das Wort, das Ihr größter Feind ist, wenn Sie dazu neigen, Dinge aufzuschieben. Bitte gehen Sie den Absatz noch einmal gründlich durch und identifizieren Sie das Feindwort! Treffen Sie dann hier Ihre Auswahl:

zurück – erreichen – wissen – tun – warum – eigentlich – nichts – Schweinehund – irgendwann – heute – Lust – Zeit – aber

Lesen Sie bitte erst weiter, wenn Sie Ihre Auswahl getroffen haben.

Auflösung

Nein, nicht der „Schweinehund" ist Ihr größter Feind, sondern das unscheinbare Wort „eigentlich". Dadurch, dass Sie ein „eigentlich" in Ihrer Argumentation zulassen, fordern Sie bereits das „aber" (Feind Nr. 2) heraus. Sie gestehen also eine gewisse Notwendigkeit ein, schränken diese jedoch im gleichen Atemzug ein, und bereiten weiter den Weg dafür, dass Sie das Vorhaben auf „irgendwann" (Feind Nr. 3) verschieben. Wenn es wenigstens ein konkretes „morgen" wäre, aber „irgendwann" ist so gut wie „nie". Und das ist der stille Tod unserer Vorhaben.

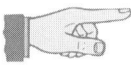

Tipp Streichen Sie „eigentlich", „aber" und „irgendwann" aus Ihrem Vokabular. Sie treffen eine Entscheidung, setzen Termine und halten diese selbstverständlich ein. Den Rest können Sie sich sparen!

Denken Sie positiv

Wenn Sie negative Gedanken haben, so überlegen Sie, wie diese in positive umgewandelt werden können: Jeder kennt das Beispiel des Glases, das je nach innerer Einstellung als halb leer oder halb voll betrachtet werden kann. Trainieren Sie, überall in der Welt statt der Mängel den Inhalt und die Fülle zu sehen. Das betrifft Sie selbst, Ihre Mitmenschen und die Umstände. Erkennen Sie die Chancen, sehen Sie die Möglichkeiten und nicht nur die Widerstände. Sprechen Sie sich Mut zu. Definieren Sie das, was Sie tun, positiv. Machen Sie sich z. B. keine Vorwürfe wegen einer „unnötigen Arbeitsunterbrechung", sondern gönnen Sie sich eine „regenerative Entspannung im Interesse der Leistungsfähigkeit". Die Welt ist nicht wie sie ist, sondern wie wir sie wahrnehmen. Werten Sie Ihre Arbeit auf, indem Sie sie „wichtig nehmen", statt sie als „lästig" abzuwerten. Sie haben es selbst in der Hand, ob Sie sich mit „anderen anlegen" oder sich „für ein gutes Miteinander einsetzen".

Querdenker gefragt

Eine bewährte Technik, um sich zu motivieren, ist das Querdenken: Übertragen Sie Erfolge aus einem anderen Bereich auf die vorliegende Situation. Sie haben bereits in Ihrer früheren Stelle ein gutes Händchen in der Mitarbeiterführung gehabt? Dann betrachten Sie die Möglichkeit, zukünftig eine ganze Abteilung zu leiten, bestimmt als Herausforderung und sind motiviert, diese Aufgabe zu übernehmen und sich dafür einzusetzen. Ebenso können einen aber auch private Erfolge bestärken, berufliche Herausforderungen anzunehmen.
Impulse erhält unsere Motivation oft auch, wenn wir unseren Horizont erweitern. Eine neue Sprache zu erlernen, kann uns zu einer Reise motivieren, ebenso wie die Erlebnisse einer Reise der Auslöser dafür sein können, die dortige Sprache lernen zu wollen. Ein neues Hobby, Anstöße durch fremde Menschen oder eine neue Umgebung, beispielsweise nach einem Wohnortwechsel, bringen frischen Wind in unsere ausgetretenen Pfade und motivieren dazu, sich neue Ziele zu setzen. Ein Ortswechsel bietet zugleich die Chance, die festgefahrenen und oftmals engen Bewertungen unseres Umfelds zu verlassen.

Suchen Sie Vorbilder

Nützlich können auch Leitbilder sein. Viele Menschen suchen sich Vorbilder, manche studieren ihr Idol regelrecht. Lernen auch Sie aus dem Lebenslauf und den Erfolgen anderer. Übertragen Sie Entscheidungen und Handlungen Ihres Vorbilds oder Ihrer Vorbilder auf Ihre eigene Situation. Wie würde Ihr Vorbild mit dieser Situation umgehen? Was würde er/sie sagen und tun? Testen Sie Verhaltensweisen, die Ihnen gut gefallen. Bleiben Sie sich dabei aber selbst treu und nehmen Sie nur das in Ihr Leben auf, was auch wirklich zu Ihnen passt.
Eine Leitbildfunktion können neben realen Personen auch Ideen übernehmen. Ein Beispiel ist das Positive Denken. Es hilft uns bei der Bewältigung unserer Probleme, da wir lösungsorientiert an die Sache herangehen statt ablehnend oder zweifelnd. Außerdem erhalten wir mehr Unterstützung bei dem, was wir tun, einfach weil jeder lieber

mit freundlichen, optimistischen Menschen zu tun hat als mit mürrischen Skeptikern.

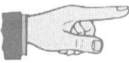

> **Tipp** Bei allem Nutzen bleibt ein Vorbild doch stets ein Ideal, das wir nie absolut umsetzen können. So auch beim Positiven Denken: Niemand kann immer nur positiv denken und das Negative ausblenden. Und trotzdem hilft uns eine optimistische Sichtweise, unser Leben im Privaten wie im Beruflichen erfolgreicher zu gestalten.

Bestimmen Sie nun in der folgenden Übung, welche Rolle Motivation in Ihrem Leben spielt.

Übung 33: Wie motiviert bin ich?
Kreuzen Sie an, was für Sie zutrifft, und lesen Sie die Hinweise dazu im Anhang.

1. Wenn mich etwas interessiert, bin ich gleich Feuer und Flamme.	
2. Man muss Motivation sparsam für die wirklich wichtigen Dinge im Leben verwenden.	
3. Am besten motiviert mich die Aussicht auf Genuss.	
4. Ohne Motivation könnte ich meine Ziele nicht so konsequent verfolgen.	
5. Motivation ist für mich wie eine Droge.	
6. Ich erledige meine Aufgaben auch ohne Motivation.	
7. Wenn ich krank bin, ärgere ich mich über die verpassten Möglichkeiten.	

Übernehmen Sie Verantwortung

Während die einen nie genügend Einfluss, Macht und Verantwortung haben können, wird den anderen ganz schwindlig, wenn sie sehen, wie die „Verantwortlichen" mit Millionensummen hantieren und das Geschick ganzer Staaten in ihren Händen halten. Verantwortung bzw. die Bereitschaft, Verantwortung zu übernehmen, ist also grundsätzlich unterschiedlich verteilt. Daher kann man auch nicht von jedem erwarten, eine Führungsposition auszufüllen. Der logische Schluss: Niemand muss Karriere machen. Sie können immer dort bleiben, wo Sie gerade sind. Oder Sie wechseln auf gleicher Ebene. Hauptsache Sie erfüllen die Mindestanforderung, nämlich die Verantwortung für Ihr Leben zu akzeptieren.

Wenn Sie jedoch aufsteigen möchten, so ist dies stets mit einem Zuwachs an Verantwortung verbunden: Sie sind für mehr Mitarbeiter verantwortlich, für einen größeren Etat und haben eine höhere Arbeitsbelastung. Diese Konsequenz sollten Sie akzeptieren, wenn Sie Karriere anstreben. Dazu können Sie nun zwei Übungen machen.

Übung 34: Wie übernehmen Sie Verantwortung?
Als Abteilungsleiter haben Sie Verantwortung für drei Sachbearbeiter. Zwei arbeiten sehr gut, aber der dritte produziert häufig fehlerhafte Ergebnisse. Was tun Sie, um die Situation zu verbessern? Kreuzen Sie bis zu drei Antworten an, die Ihnen am ehesten entsprechen, und lesen Sie dann erst die Auswertung im Lösungsteil.

a) Ich setze dem Mitarbeiter ein Ultimatum. Entweder er bringt Leistung oder er fliegt.
b) Ich frage meinen Chef, was ich tun soll.
c) Ich bitte die Kollegen, den Kandidaten zu unterstützen und seine Fehler auszubügeln.
d) Ich appelliere an das Verantwortungsgefühl des Mitarbeiters, sich doch mehr Mühe mit seiner Arbeit zu geben.
e) Ich übernehme die Verantwortung für mein Team und korrigiere die Fehler des Mitarbeiters, ohne dass jemand davon etwas mitbekommt.
f) Ich mache dem Mitarbeiter die Bedeutung eines guten Ergebnisses für unsere Abteilung und die ganze Firma bewusst.
g) Ich mache gar nichts, weil ich mir keine Schwierigkeiten einhandeln will.

Übung 35: Wo übernehmen Sie Verantwortung?

Bitte wählen Sie hier aus, in welchen Situationen Sie die Verantwortung übernehmen würden. Was würden Sie realistischerweise tun? Seien Sie dabei möglichst ehrlich.

1. Ihr Vorgesetzter hält Ihnen vor, dass das letzte Projekt nicht gewinnbringend war.
2. Sie werden von einem Bekannten angesprochen, dass er Hilfe bräuchte, weil seine Frau gerade wegen einer Operation drei Wochen im Krankenhaus ist.
3. Ihr Freund hat niemanden, der sich in seiner Abwesenheit um seinen Hund kümmert.
4. Ihr Nachbar kommt bei einem Verkehrsunfall auf tragische Weise ums Leben. Er hinterlässt Frau und drei Kinder.
5. Ein kurdischer Asylbewerber verbringt bereits fünf Jahre in einem Wohncontainer und leidet unter der Entfernung zu seiner Familie.
6. Bei der letzten Teamsitzung haben Sie einen Kollegen ungerechtfertig kritisiert.
7. Sie haben jemandem die Vorfahrt genommen und dabei einen Auffahrunfall verursacht. Zum Glück blieben Sie unerkannt.
8. Ein Vereinskollege erzählt Ihnen, dass er drei junge Kätzchen hat, die er töten muss, wenn sie niemand nimmt.

Die Auswertung finden Sie im Anhang.

Konstruktiv umgehen mit Veränderungen

Die Sachzwänge und Routinen des Alltags bestimmen unser Leben. Doch der viel geschmähte Alltagstrott hat durchaus seine (verkannten) Vorteile: Routine erspart uns durch die Wiederholung erprobter Handlungsabläufe viele Entscheidungen. Das Vertraute, Gewohnte gibt uns zudem ein Gefühl von Sicherheit und Orientierung in der Welt. Wollen Sie nicht auch in Ihrer alten Position bleiben, weil Sie dort wissen, wie der Hase läuft? Oder reizt Sie doch mehr die Herausforderung des Neuen, Unbekannten, die Erweiterung des Erfahrungshorizonts durch neue Aufgaben? Hier gilt es, das richtige Maß, die individuelle Balance zu finden zwischen Sicherheit und Herausforderung – zwischen ermüdender Eintönigkeit des Stillstands und der anstrengenden Unruhe steter Veränderung.

Machen Sie dazu die folgende Standortbestimmung.

Übung 36: Umgang mit Veränderungen

Stellen Sie sich vor, Ihr Unternehmen soll mit einem anderen fusionieren. Das ist mit vielen Unsicherheiten verbunden. Wie gehen Sie mit dieser Situation um? Kreuzen Sie die Aussagen, die auf Sie zutreffen, an.

1. Meine Arbeit war immer in Ordnung, ich fühle mich sicher.	
2. Ich fürchte, dass Stellen abgebaut werden.	
3. Die neuen Strukturen sind hoffentlich besser als die alten.	
4. Hoffentlich wird meine Fachkompetenz nicht reduziert.	
5. Umstrukturierungen bringen meist nichts Gutes.	
6. Der Stress wird nicht weniger werden.	
7. Ich bin gespannt auf die neuen Kollegen.	
8. In der Übergangsphase werde ich meine Chancen für einen Karriereschub nutzen.	
9. Alle sind verunsichert und nervös, ich auch.	

Antworten finden Sie im Anhang.

Bleiben Sie flexibel und offen

Wenn Sie beruflich wie auch privat weiterkommen wollen, ist Flexibilität und Aufgeschlossenheit für Neues unumgänglich. Lassen Sie Veränderungen zu, denn diese bringen – neben der unvermeidbaren Ungewissheit – auch neue Möglichkeiten und Chancen in Ihr Leben. Der wirkliche Geschmack von Freiheit und Abenteuer ist nicht durch eine Pauschalreise in den Dschungel zu haben, sondern hier und jetzt, wenn Sie Bedarf danach verspüren. Ein Sponti-Spruch drückte das in den Achtzigern so aus: „Unter dem Pflaster liegt der Strand." – So nah!

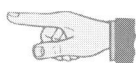

Tipp Wenn Sie Veränderungen anstreben, sollten Sie eine konsumorientierte Haltung meiden: Ohne Ihr eigenes Engagement wird sich nichts bewegen. Und schließlich macht Bewegung Ihren Alltag interessanter und abwechslungsreicher. Verlassen Sie also ausgetretene Pfade und öffnen Sie sich dem Neuen, ohne darauf zu warten, dass die Veränderung von außen kommt.

Wenn Ihnen Veränderungen im Äußeren nicht möglich oder erforderlich erscheinen, können Sie Ihre Zufriedenheit auch durch eine Veränderung der inneren Einstellung steigern. Gehen Sie dabei alle zur Verfügung stehenden Alternativen durch und definieren Sie, warum sie Ihnen in Ihrer momentanen Situation nicht gefallen. Haben Sie erst alle abgelehnt, entscheiden Sie sich schließlich zwangsläufig, aber bewusst für den Status quo – und können sich mit ihm nun viel besser identifizieren. Denken Sie schließlich daran, dass man andere Jobs gerne idealisiert, wenn man im eigenen unzufrieden ist.

Besser organisiert mehr erreichen

Egal was Sie tun wollen, die Voraussetzungen dafür müssen stimmen. Neben einem geeigneten Umfeld und der Qualifikation spielt dabei auch die Frage der Organisation eine Rolle. Weniger gut organisierte Menschen ver(sch)wenden viel Zeit mit unnötiger Sucherei. Viele Aufgaben bleiben unerledigt, werden unvollständig oder zu spät ausgeführt, weil einfach die Voraussetzungen dazu nicht gegeben waren.

Beispiel

Das Material ist ausgegangen, die Unterlagen sind nicht mehr vorhanden, der Techniker ist nicht zu erreichen. Die Liste solcher Unzulänglichkeiten lässt sich beliebig verlängern. Dabei war es klar, dass das Material in dieser Woche ausgehen würde, nur eine Nachbestellung ist nicht veranlasst worden. Die Unterlagen haben eigentlich ihren festen Platz, wurden aber mit dem Altpapier entsorgt. Und wenn man das Telefonverzeichnis gerade mal wieder verlegt hat, ist es kein Wunder, dass man den Techniker nicht erreicht.

Wer dafür sorgt, dass die erforderlichen Dinge verfügbar sind, der behält leichter den Überblick – nicht nur über seinen Arbeitsplatz, sondern auch über Projektverläufe und anstehende Termine. Sicherlich, man kennt die berühmten Ausnahmen absolut unorganisierter Genies, die mit einem Griff in das Chaos das Gesuchte finden und ihre Aufgaben erfolgreich abwickeln. Auch möglich, dass es mehr Charme hat, wenn man lässig aus einer Müllhalde eine nagelneue CD *angelt,* als sich diese aus einem nummerierten Verzeichnis zu ziehen. Aber a) sind die wenigsten, die sich dafür halten, tatsächlich „Genies" und b) ist die aus dem Chaos gefischte CD-Hülle garantiert leer.

Organisation ist für einige Menschen offensichtlich gleichbedeutend mit Bürokratismus und Pedanterie. Dabei muss man ja gar nicht übertreiben und jeden Schnürsenkel katalogisieren. Aber eine reelle Chance, etwas im Bedarfsfall auch finden zu können, ist für die Bewältigung unserer Aufgaben mehr als nur hilfreich. Es kann uns durchaus beruhigen, wenn wir wissen, wo wir wann was finden oder nachschlagen können. Schließlich kann man ja nicht alles im Kopf haben.

Organisieren Sie also sich und Ihren Arbeitsplatz – zumindest in den wichtigen Bereichen, auf die es wirklich ankommt:

- Legen Sie sich ein übersichtliches und logisch strukturiertes Ablagesystem zu.
- Halten Sie bei Arbeiten benötigtes Material in Griffweite bereit.
- Legen Sie Vorräte der wichtigen Verbrauchsartikel an und füllen Sie rechtzeitig auf.
- Legen Sie für jede Aufgabe einen eigenen Ordner an, gliedern Sie diesen mit einem Verzeichnis. Das hilft Ihnen, eingehende Dokumente, Gesprächsnotizen und Kopien Ihrer Schreiben thematisch sofort richtig abzulegen. Mögliche Verzeichnisse sind: Verträge, Korrespondenz, Planung, Kalkulation, Angebote, Abrechnung, Aufträge, Informationsmaterial etc. So finden Sie das meiste auf Anhieb, sparen Zeit und können sich konzentriert Ihren inhaltlichen Aufgaben widmen.

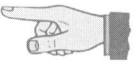

Tipp Für eine bessere Übersicht im Dateiverzeichnis Ihres Computer geben Sie das Datum in der Form Name-Jahr-Monat-Tag ein, z. B. „Protokoll-2004-07-26". Dann erscheinen alle Protokolle in der zeitlichen Reihenfolge. Achten Sie darauf, einstelligen Zahlen immer eine Null vorzuschalten.

Schließlich: Managen Sie Ihre Zeit sinnvoll und setzen Sie die richtigen Prioritäten. Wichtiges erledigen Sie sofort, weniger Wichtiges legen Sie auf einen freien Termin oder delegieren es an Mitarbeiter und Unwichtiges werfen Sie am besten gleich weg. Projekte gliedern Sie in sinnvolle Bearbeitungsabschnitte, Ihren Großauftrag portionieren Sie in Teilaufgaben, große Zeiträume strukturieren Sie durch Zwischentermine.

Tipp Ab und zu sollten Sie trotz kluger Ablage die angesammelten Akten sortieren. Vieles, was ursprünglich als wichtig eingestuft wurde, ist inzwischen nicht mehr relevant. Befreien Sie sich turnusmäßig von „verfallenen" Unterlagen, sonst verdecken Ihnen diese zunehmend die Sicht auf die eigentlich wichtigen Dinge. So vorbereitet haben Sie Ihre Aufgaben im Griff, auch wenn es mal wieder heiß hergehen sollte.

Übung 37: Schnell und organisiert handeln

Sie sitzen an Ihrem Arbeitsplatz. Es ist Freitag, 16:45 Uhr, und morgen fliegen Sie für zwei Wochen in den Urlaub. Sie wollen mit gutem Gewissen um 18:00 Uhr gehen und Ihren Arbeitsplatz ordentlich hinterlassen. Allerdings, ganz fertig sind Sie noch nicht.

- Sie müssen noch eine Übergabeliste für Ihre Kollegin schreiben, dafür kalkulieren Sie rund 15 Minuten.
- Sie müssen noch drei Rechnungen prüfen und an die Buchhaltung weitergeben. Das dauert rund 5 Minuten.
- Der Umlauf mit Fachzeitschriften ist gerade angekommen. 10 Minuten wird Sie die Durchsicht mindestens kosten.
- Eine gerade eingegangene Mail von der Buchhaltung fordert Sie auf, eine Übersicht über die von Ihnen gemachten Reisen in diesem Jahr abzuliefern, Termin nächster Donnerstag. Die Sucherei nach den Daten kostet Sie mindestens 10 Minuten, die Aufstellung nochmals 10.
- Sie sind mit dem Sortieren Ihrer Ablage (Erledigtes) nicht fertig geworden. Nur noch 5 Minuten, und Sie haben es geschafft.
- Das Quartalsreporting ist zu machen, dazu brauchen Sie jedoch gut eine halbe Stunde – in Ruhe. Termin: Montag früh.
- Sie sollen einen Kunden zurückrufen wegen einer Reklamation. Ob er wohl da ist?
- Da ruft Ihre Tochter an, dass Sie gerade einen Autounfall hatte. Es ist zwar nichts passiert, doch sie muss in einer halben Stunde an der Werkstatt abgeholt werden. Ihre Frau und Ihren Sohn hat sie nicht erreicht, sie hat auch deren Handynummern nicht dabei.
- Dann steht Ihr Chef in der Tür und bittet Sie, ein Angebot aus dem Vertrieb gegenzulesen. Es umfasst 3 Seiten, und die Prüfung der Preise und Rabattberechnungen wird Sie mindestens 15 Minuten kosten.

– Sie müssen außerdem noch eine Abwesenheitsmeldung in Ihr Outlook eintragen und das Telefon umstellen, das haben Sie in ein paar Minuten erledigt. Oh, da sind schon wieder drei neue Mails eingegangen. Sie wollen Sie kurz lesen und eventuell beantworten, Zeit: 3 bis 6 Minuten.

Was erledigen Sie wann und wie?

Einen Lösungsvorschlag finden Sie im Anhang.

Mit Sorgfalt zu guten Ergebnissen

Eng verbunden mit dem Thema Konsequenz ist auch der Anspruch auf Qualität. Welches Unternehmen würde nicht von sich behaupten, gute Qualität zu liefern? Und wer möchte umgekehrt von sich sagen, dass er schlechte Arbeit macht? Dennoch sind Begriffe wie Achtsamkeit oder Sorgfalt in den letzten Jahren etwas aus der Mode gekommen. Nicht selten wird heute mangelhafte Leistung abgeliefert, als wäre das ganz selbstverständlich und Stand der Technik. Aber Unternehmen mit einer gleichgültigen Haltung werden sich in Zukunft schwer tun, Kunden zu halten. Inzwischen kommt es allerdings schon wieder in Mode, sich bewusst auf eine Arbeit einzulassen, sorgfältig mit Material umzugehen und seine Aufgaben gründlich zu erledigen.

Um Qualität „abzuliefern", hilft es, wenn Sie eine Problemlösung vorab im Kopf durchspielen. Nehmen Sie sich ausreichend Zeit für Analyse und Planung, so sollte das Ergebnis auch überzeugen. Wenn Sie bei Ihrer Arbeit beispielsweise frühzeitig Material oder Informationen beschaffen, können Sie auch mit unvorhergesehenen Hindernissen fertig werden.

Sorgfältig arbeiten kann daher nur, wer genügend Zeit hat. Nur dann gerät man nicht in Hektik und das Ergebnis wird zufriedenstellend ausfallen.

Tipp Wer seine Aufgaben rechtzeitig anpackt, hat mehr Zeit, sorgfältig zu arbeiten. Nehmen Sie sich grundsätzlich vor, die Qualität abzuliefern, die erwartet wird und mit der auch Sie gut leben können. Denken Sie aber daran, was wir zum Thema „Perfektionismus" gesagt haben: Ist Ihr Anspruch zu hoch, kann das auch bremsend wirken.

Am Beispiel einer Bewerbung können Sie nun prüfen, wie sorgsam Sie selbst vorgehen.

Übung 38: Die sorgfältige Bewerbung

Sie bemühen sich um einen neuen Job. Wie sieht Ihre Bewerbung aus? Kreuzen Sie an, auf was es Ihnen ankommt.

1. Eine komplette Bewerbungsmappe enthält: Anschreiben, Lebenslauf und Zeugniskopien.
2. Meine Kreativität drücke ich bereits im Anschreiben aus.
3. Es kommt mir nicht darauf an, bis zum letzten Komma schriftlich alles absolut korrekt zu machen. Ich überzeuge mehr im persönlichen Gespräch.
4. Die Blätter stecke ich in ein großes Kuvert, damit nichts knickt, und achte auf 1,44 Euro Frankierung.
5. In meinem Anschreiben erläutere ich ausführlich, welche Art von Stelle ich suche, damit der Empfänger bestens informiert ist und nicht nachfragen muss.
6. Eine farbige Mappe mit einem geschmackvollen Muster macht gleich einen freundlichen Eindruck.
7. In meinem Anschreiben erwähne ich nicht, warum ich mit meinem alten Arbeitgeber zerstritten bin.

Eine Auswertung finden Sie im Lösungsteil.

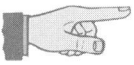

Tipp Ihr beruflicher Erfolg, sei es als Sachbearbeiter oder als Manager, beginnt schon bei der Bewerbung. Damit Ihr erster Kontakt mit dem neuen Arbeitgeber gleich gut ankommt, erkundigen Sie sich unbedingt über die aktuellen Gepflogenheiten, insbesondere, wenn Sie sich bei ausländischen Firmen bewerben. Dort sind beispielsweise Zeugnisse oft gar nicht erwünscht oder der Lebenslauf wird in rücklaufender Form erwartet. Auch bei der immer beliebter werdenden Bewerbung per E-Mail sind bestimmte Formalien einzuhalten. Dazu finden Sie Literaturtipps im Anhang.

Mit Zeitplanung gegen Termindruck

Nicht Zeit ist das Problem, sondern Zeitnot! Doch wie kann es zu Zeitnot kommen, wo doch jeder Tag exakt gleich lang ist? Gleich lang ja, aber nicht gleich breit! Breite bedeutet hierbei, wie viel wir in einen Tag unterbringen, also wie geschickt wir unsere Zeit verplanen. Als Bild dafür kann uns der Spielklassiker „Tetris" dienen, bei dem es darum geht, verschieden geformte Rechtecke geschickt zu stapeln, um möglichst viele im Zielfeld unterzubringen. Wer Dinge klug miteinander kombiniert und eine sinnvolle Reihenfolge wählt, Dinge zu erledigen, der hat deutliche Vorteile gegenüber jemandem, der vergleichsweise planlos agiert und, um im Bild zu bleiben, durch willkürliches Stapeln wertvollen Stauraum verschenkt.

Gefragt sind also Hilfsmittel und Strategien, um das eigene „Zeitvolumen" optimal zu füllen.

Welchen Planer nutzen?

Für die Terminverwaltung gibt es Planer in verschiedenen Formaten. Je nach Fülle Ihrer Termine können Sie wählen vom C5-Format mit einer schlanken Zeile pro Tag bis hin zum ausgewachsenen Buch mit viertelstündlicher Einteilung. Daneben gibt es elektronische Planer (Organizer) und für den PC unzählige Programme, die einen an jeden Termin erinnern.

Elektronische Planer haben den Vorteil, dass sich die Daten schnell zwischen Feststation und Mobilteil austauschen lassen. Allerdings haben Zeitplaner-Programme auch einen Nachteil: Dateneingabe und Aktualisierung brauchen ihre Zeit. Außerdem bieten Papierversionen einen leichteren Überblick. Leider verführen viele Programme auch dazu, den Schwerpunkt auf eine perfekte Terminverwaltung zu legen, statt tätig zu werden. Und tatsächlich könnte so manche Aufgabe in der Zeit bereits erledigt sein, die ihre bloße Verwaltung in Anspruch nimmt.

Je eher Sie Termine mit anderen koordinieren müssen, je mehr Daten Sie auch auf dem PC speichern und austauschen wollen, aber auch je unübersichtlicher und netzartiger Ihre Planung ist und je lieber Ihnen es ist, alles auf einen Klick bereit zu haben (Adressen, Termine, persönliche Notizen etc.), umso eher dürfte ein elektronischer Planer für Sie infrage kommen.

Tipp Wenn Sie elektronisch planen: Wägen Sie stets ab, ob Sie eine Aufgabe nicht lieber gleich erledigen statt sie erst zu katalogisieren und mit sich herumzutragen. Immerhin: eine bearbeitete Aufgabe brauchen Sie nicht mehr terminlich zu verwalten!

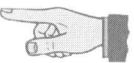

Wie sparen Sie Zeit?

Neben der Strategie einer optimalen Zeitplanung sollten Sie sich Gedanken machen, an welcher Stelle Sie Zeit einsparen können. Am einfachsten erfolgt das natürlich an den Stellen, wo Zeit unnütz vertan wird.

Beispiel

Besprechungstermine (Meetings) sind wahre Zeitfresser. Nicht nur, dass sie ständig stattfinden, sie binden auch jedes Mal mehrere Mitarbeiter und entziehen so Zeit für das Tagesgeschäft. Nicht jedes Meeting ist auch wirklich erforderlich, und manche könnten schlichtweg kürzer ausfallen. Schon einfache Rechenbeispiele zeigen dies: Wenn fünf Teilnehmer wöchentlich nur 15 Minuten warten, weil einer zu spät kommt, ergibt sich im Jahr die Summe von 65 Arbeitsstunden. Wenn ein wöchentliches Meeting von zwei Stunden auf eine Stunde reduziert werden kann, so ergibt sich daraus ein Zeitspar-Potenzial von 260 Stunden. In der Summe sind das für einen Mitarbeiter etwa zwei Monate Arbeitszeit.

Übung 39: Zeit sparen bei Besprechungen

Was können Sie tun, um Besprechungen effizienter zu machen? Machen Sie hierzu fünf Vorschläge.

1.

_____

2.

_____

3.

_____

4.

_____

5.

_____

Lösungsvorschläge finden Sie im Anhang.

Räumen Sie der Zeit nicht immer oberste Priorität ein

Viele Menschen neigen dazu, zeitliche Abläufe zu idealisieren. Ohne Rücksicht auf die Machbarkeit soll alles nur immer noch schneller gehen. Darunter leidet nicht nur die Qualität, sondern auch die Arbeitszufriedenheit und in weiterer Folge die Motivation mit den bekannten Folgen wie erhöhte Ausfallzeiten, innere Sabotage und Dienst nach Vorschrift, etc. Dabei können selten im Voraus alle verzögernden Faktoren bedacht und berücksichtigt werden.

Das heißt für die Praxis: Kalkulieren Sie bei der täglichen Planung Ihrer Aufgaben stets einen zeitlichen Zuschlag von 10 bis 20 % ein. Sie arbeiten (und leben!) damit entspannter und auch erfolgreicher.

Beispiel

Bauherr Winkelmann hat ein großes Interesse daran, sein neues Haus möglichst schnell beziehen zu können. Doch eine zu knappe Zeitplanung von Seiten des Architekten kann die größten Verzögerungen verursachen. Dann wird auf dem Bau mehr – und zwar versteckt – gepfuscht, der Stress für alle Beteiligten ist größer, das Klima auf der Baustelle verschlechtert sich. Im Ergebnis wird das Gebäude später fertig. Gegebenenfalls fordern gerichtliche Auseinandersetzungen über Qualitätsmängel weitere Zeit, Energie und Kosten, die man mit einer realistischen Zeitplanung hätte einsparen oder zumindest reduzieren können.

Ein weiterer wichtiger Aspekt betrifft Ihren Umgang mit der – wenigen verfügbaren Zeit. Es ist weit verbreitet, Entscheidungen bis zum letzten Termin aufzuschieben (wie wir schon öfter gesehen haben). In einem großen Kraftakt wird dann „schnell mal" die betreffende Aufgabe gestemmt. Davon ist jedoch aus folgenden Gründen abzuraten:

- Die Qualität der Entscheidungen wie auch der resultierenden Ergebnisse leidet unter Zeitdruck.
- Der Fokus der für die Entscheidung berücksichtigten Aspekte wird zu eng gezogen.
- Mögliche vorteilhafte Alternativen bleiben unberücksichtigt.
- Negative Folgen können übersehen werden.
- Eine erfolgreiche Umsetzung ist vielleicht so gar nicht möglich.
- Betroffene und Beteiligte können nicht eingebunden werden, wichtige Interessen bleiben womöglich unberücksichtigt. Das führt zu Konflikten und Akzeptanzproblemen.
- Man ist leichter von anderen manipulierbar.

Vielleicht kennen Sie das ja selbst: Pannen und Hindernisse treten besonders gerne dann auf, wenn die Zeit ohnehin knapp ist. Oder haben Sie sich schon einmal morgens Kaffee aufs Hemd verschüttet, wenn noch genügend Zeit blieb, es zu wechseln?

Schaffen Sie Zeit für Neues

Unsere Ziele kollidieren aus Zeitgründen oftmals mit unserem eingespielten Alltag. Aber auch das Erledigen kleinerer Arbeiten und Notwendigkeiten scheitert manchmal an der Realität: Selbst wenn ein Tag morgens kaum verplant erschien – schon ist es Abend, und am Ende blieb doch wieder keine Zeit für die Dinge, die man sich vorgenommen hat. Ganz zu schweigen von der erforderlichen Zeit für Neues.

Beispiel

Seit Jahren juckt Herrn Sommer das Thema: Er würde gerne Golf lernen. Doch wie soll er das noch unterbringen, wo er doch schon montags Tennis spielt, dienstags auf seine Enkel aufpasst, am Mittwoch gerne zu Hause bleiben will, donnerstags in sein Stammlokal geht, die Freitage für Kultur frei hält, am Samstag wandern geht oder den Garten pflegt und sonntags nach Besuchen seiner Frau zuliebe noch Bridge im Club spielt.

Es ist klar, dass zusätzliche Pläne irgendwo untergebracht werden müssen. Also müssen wir, wenn wir bisher nicht untätig waren, irgendwelche Dinge streichen, um zusätzliche Zeit zu gewinnen.

Beispiel

Herr Sommer merkt, wie er langsam unzufrieden wird. Er überlegt sich, wie er es einrichten kann, Golf zu lernen – und was er bereit ist, dafür aufzugeben. So kommt er zum Schluss, dass seine Frau auch ohne ihn in den Bridgeclub gehen kann – und da er Besuche ohnehin lieber samstagabends empfängt, ist Sonntag fortan sein Golf-Tag.

Wenn Sie grundlegend etwas daran ändern wollen, dass Sie stets unter Zeitdruck stehen oder Zeit für etwas Neues benötigen, sollten Sie einmal prüfen, wo Ihre Zeit bleibt, um anschließend zu überlegen, wie Sie mehr Zeit (für sich, für wichtige Dinge) gewinnen können. In unserer Zeiteinteilung sind Arbeit und Schlaf relativ feste Größen, mit dem Rest sind wir flexibler. Aus dem Stehgreif können viele Menschen jedoch gar nicht sagen, womit sie die meiste Freizeit verbringen – also die frei verfügbare Zeit nach Erledigung aller Pflichten und lebensnotwendigen Tätigkeiten. Sie können dies herausfinden, wenn Sie die folgende Übung machen.

Übung 40: Wo bleibt meine Zeit?

Tragen Sie in die Liste ein, wie viel Zeit Sie wöchentlich womit verbringen. Wenn Sie manche Dinge nicht wöchentlich, sondern z.B. monatlich machen, dann tragen Sie einfach ein Viertel der Zeit für die Woche ein, bei täglichen Verrichtungen entsprechend das Fünf- oder Siebenfache für die Woche. (Die letzte Spalte „Note" brauchen Sie erst für die nächste Übung.)

Zeitbedarf für ...(in Stunden) pro	Tag	Woche	Monat	Note
Arbeitszeit				
Arbeitsweg				
Mittagspause				
Berufliche Reisen außerhalb der Arbeitszeit				
Schlafen (inkl. Mittagsschlaf)				
Frühstück und Abendessen				
Partnerschaft und Familie				
Kinderbetreuung				
Haushalt und Gartenpflege				
Einkäufe/Erledigungen				
Kino und kulturelle Veranstaltungen				
Fernsehen, Radio/Musik hören				
Lesen privat (Bücher, Zeitung, Illustrierte)				
Lesen beruflich (Fachliteratur, Unterlagen...)				
Spiele/Basteln/Kreuzworträtsel etc.				
Sport/Fitness				
Hobbys, auch Boot, Motorrad, Fahrrad etc.				

Zeitbedarf für ...(in Stunden) pro	Tag	Woche	Monat	Note
Vereinsarbeit, Verbände, Organisationen				
Hausbau				
Kneipe/Ausgehen/(Sport-) Veranstaltungen				
Besuche, Telefonate mit Freunden				
Arztbesuche/Therapie/Beratung/ Behandlung				
Soziales Engagement				
Religion				
Entspannung/Meditation/Massage/ Sonnen				
Körperpflege/Schönheitspflege				
Finanzen/Verwaltung/Behördengänge				
Ausflüge				
Fortbildung				
Urlaub und private Reisen				
Sonstiges				
Summe				

Zählen Sie alle Wochenstunden aus der Liste zusammen. Wie viel Stunden sind in Ihrer Woche belegt?
Belegte Stunden meiner Woche: _____ h

Kommen Sie nur auf 120 Stunden? Was machen Sie dann in der restlichen Zeit? Eine Woche hat immerhin 168 Stunden! Haben Sie sehr viel weniger Zeit verteilt, überlegen Sie, ob Sie nicht doch mehr fernsehen, öfter im Bett liegen ohne zu schlafen, einfach nur Zeit totschlagen oder etwas vergessen haben – und ergänzen Sie die Liste. Wenn Sie in der Summe mehr als 168 Stunden ermittelt haben, dann haben Sie sich entweder bei manchen Zeiten verschätzt oder Sie erledigen manche Dinge gleichzeitig – zum Beispiel die Steuererklärung im Schwimmbad.

Klären Sie dann in der folgenden Übung, ob Sie sich Zeitreserven schaffen können.

Übung 41: Meine Zeit sinnvoller verbringen

Nun vergeben Sie in der Tabelle oben in den freien Kästchen unter „Note" jeweils Schulnoten für die einzelnen Tätigkeiten:

1 = unverzichtbar, 2 = sehr wichtig, 3 = wichtig, 4 = angenehm., 5 = weniger wichtig, 6 = entbehrlich.

Zählen Sie dann die eingetragenen Zeiten aller Aktivitäten mit Bewertung 5 und 6 zusammen. Damit erhalten Sie die Zeit pro Woche, die Sie einsparen können, wenn Sie wirklich unwichtige Tätigkeiten streichen. So können Sie sich verstärkt den beruflichen und privaten Dingen zuwenden, die Ihnen wirklich wichtig sind.

Meine Zeitreserve: _____ Stunden/Woche.

Wenn Sie mehr Zeit brauchen, nehmen Sie einfach die Zeitreserve der mit 4 bewerteten Aktivitäten dazu:

Weitere Zeitreserve: _____ Stunden/Woche.

Und reicht dies noch nicht, fragen Sie sich: Was bin ich bereit einzuschränken oder aufzugeben, um Zeit für die Erreichung meiner Ziele zu gewinnen?

_____

Wo kann ich innerhalb notwendiger Tätigkeiten durch eine bessere Organisation Zeit einsparen?

_____

Tipp Mehr Zeit lässt sich oft durch eine bessere Organisation gewinnen – eine straffere private Planung wie auch eine straffere Arbeitsorganisation. Fragen Sie sich, wie Sie Zeit für unnötiges Suchen einsparen oder wie Sie verschiedene Tätigkeiten bündeln können: So könnten Sie z. B. den Einkauf und den Besuch des Fitness-Studios auf dem Heimweg von der Arbeit erledigen und sparen so weitere Fahrten.

Prioritäten richtig setzen

Kennen Sie das? Sie haben mehrere Dinge zu erledigen, das meiste geht schnell und unkompliziert, es gibt da aber auch noch ein schwierigeres Problem. Sie fangen erst einmal mit den einfachen an und schieben die komplizierte Geschichte auf später ... Diese Tendenz ist häufig zu beobachten: Weniger wichtige Probleme werden instinktiv vorgezogen, weil diese für uns nicht so bedrohlich sind wie die schwierigen Aufgaben. Sie versprechen uns viel schnelleren Erfolg.

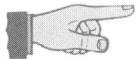

> **Tipp** Dass Wichtiges liegen bleibt, passiert Ihnen nicht, wenn Sie von vornherein die richtigen Prioritäten setzen und Ihre Planung auch danach ausrichten.

Wenn Ihnen alles über den Kopf wächst, sortieren Sie Ihre Aufgaben nach dem Eisenhowerprinzip, das mit ganz einfachen Kategorien arbeitet. Dazu überlegen Sie zunächst, wie jede Ihrer Aufgaben beschaffen ist. Ist sie

- wichtig oder unwichtig?
- dringlich oder nicht dringlich?

Teilen Sie diese Kategorien jeder Aufgabe zu. So gelangen Sie zu vier Möglichkeiten, denen sich entsprechend vier unterschiedliche Prioritäten zuordnen lassen:

- Priorität A: alle Aufgaben, die wichtig und dringlich sind.
- Priorität B = Nur noch wichtig, aber (noch) nicht dringend.
- Priorität C = Alle Aufgaben, die zwar dringlich, aber weniger wichtig sind.
- Priorität D = Die letzte Priorität umfasst Aufgaben, die weder dringlich noch wichtig sind.

Wie Sie vorgehen
- Widmen Sie sich jeden Tag zuerst den völlig überflüssigen Dingen und entledigen Sie sich ihrer: Sie kommen in die „Ablage P" – den Papierkorb.
- Dann haben Sie Luft für die wichtigen Dinge, die Sie nach ihrer Dringlichkeit bearbeiten.
- Richten Sie sich ein festes Zeitkontingent – etwa vier Stunden täglich – für die Bewältigung der A-Aufgaben ein. Sie haben absoluten Vorrang, weil sie bedeutend sind und Termindruck erzeugen.
- Planen Sie Ihre B-Aufgaben rechtzeitig. Dann werden Sie erst gar nicht dringlich. Wenn Sie diese Aufgaben frühzeitig in Ruhe und entsprechend effektiv erledigen, so hat das den angenehmen Ne-

beneffekt, dass Sie sich jede Menge Stress sparen. Erledigen Sie dann B-Aufgaben ebenso konsequent wie A-Aufgaben.

- Erst nachdem Sie auf diese Weise Ihr Tagespensum erfüllt haben, prüfen Sie, was sonst noch wirklich dringend (C-Aufgaben) ist. Da diese Aufgaben aber meist für Sie nicht wichtig sind, können Sie sie auch delegieren. Ansonsten machen Sie diese notwendigen Dinge (z. B. Buchhaltung, Materialbeschaffung) – oder wenden Sie sich interessanten Themen zu, die an der Grenze zur B-Priorität stehen (z. B. Fortbildung, informieren über neue Technologien).

Tipp Wechseln Sie Pflichtaufgaben mit spannenden Aufgaben ab. Damit lockern Sie eine oftmals als langweilig empfundene Routinetätigkeit etwas auf.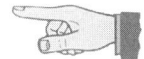

Kennzeichnen Sie bei Ihrer Planung für den nächsten Tag gleich alle Aufgaben mit A, B, C und D. Auch Ihren Posteingang sollten Sie entsprechend vorsortieren. Der Vorteil dieses Vorgehens: Die wichtigen Dinge bleiben nicht liegen. Wenden Sie sich umgekehrt zuerst den unwichtigen, wenn auch dringenden Angelegenheiten zu, so besteht die große Gefahr, dass für die wirklich wichtigen Aufgaben nicht mehr genügend Zeit und Energie bleibt.

In der Praxis stellt sich dabei natürlich die Frage, was wirklich wichtig ist. Dringend ist leicht zu definieren als terminliche Nähe zum Stichtag, aber wichtig kann uns vieles erscheinen. Die Wichtigkeit von Aufgaben erkennen Sie indes an deren Beitrag zur Erreichung Ihrer zentralen Ziele. Vorhaben, die Ihnen besonders großen Erfolg versprechen, sollten eine entsprechend hohe Priorität erhalten und keinesfalls aufgeschoben werden.

Dinge anpacken ohne Stress

Stress ist weit verbreitet, keine Frage. Aber häufig übernimmt Stress auch eine Alibifunktion. Dann signalisieren Menschen ihrem Umfeld permanente Arbeitsüberlastung und Zeitnot. Keine Zeit für dies, keine Zeit für jenes. Das soll Eindruck machen und die Bedeutung der Person in ihrer Position unterstreichen. Tatsächlich geht für die Aufrechterhaltung eines solchen Images viel Energie verloren, denn mit Hektik und Getriebenheit macht man sich selbst und andere nur konfus. Diese Energie könnte besser zur Bewältigung der anstehenden Aufgaben eingesetzt werden. Nur weil also jemand von Stress redet, muss noch lange kein wirklicher Stress vorliegen.

Wirklicher Stress äußert sich in psychischer Überlastung oder körperlichen Beschwerden und kann verschiedene Ursachen haben:

- Sie fühlen sich den Herausforderungen nicht gewachsen.
- Sie sehen keine Chance, das Arbeitspensum in der vorgesehenen Zeit zu bewältigen.
- Sie fühlen sich von Ihrem Umfeld abgelehnt und kritisiert.
- Sie verlieren den Überblick über Ihre Aufgaben.
- Persönliche, finanzielle oder gesundheitliche Belastungen rauben Ihnen zu viel Energie.
- Sie sind sehr ehrgeizig und setzen sich (zu) hohe Ziele.
- Sie leiden unter einer Sinnkrise.

Unter Stress stehen unser Wollen und Können nicht im Einklang miteinander. Stress wird gefördert durch Unzufriedenheit, Ungeduld, Erregbarkeit, Empfindlichkeit, Aggression, Ärger, Sorgen, Eifersucht, Unsicherheit und Schlafdefizit.

Wie dem Stress begegnen?

Überlegen Sie, woher Sie Unterstützung erhalten. Können Sie vielleicht Arbeit delegieren, um Ihre Belastung zu senken? Wenn die Beeinträchtigung durch ein ablehnendes Umfeld verursacht wird und es tatsächlich ernst zu nehmende Anzeichen von Mobbing gibt, wenden Sie sich an den Betriebsrat, Ihren Vorgesetzten oder an den dafür Beauftragten. Versuchen Sie die Ursachen für die Ablehnung herauszufinden. Vielleicht können Sie durch eine Veränderung in Ihrem Verhalten eine Änderung in der Einstellung Ihrer Umgebung Ihnen gegenüber erreichen.

Versuchen Sie vor allem in starken Arbeitsphasen, zusätzliche Stresssituationen zu vermeiden. Dazu gehören z. B. Horrorfilme, lange Autofahrten, Massenveranstaltungen, Lärm, Streit und Überlastung. Wo Sie dem Stress nicht ausweichen können, ändern Sie Ihr Verhalten: Fühlen Sie sich auch bei Kritik nicht gleich persönlich angegriffen, lassen Sie anderen souverän den Vortritt, nehmen Sie sich selbst nicht so wichtig. Machen Sie möglichst immer eine Tätigkeit nach der anderen und nicht alles zugleich. Je mehr Überblick Sie über Ihre Aufgaben haben, je besser sie geplant sind, umso weniger werden Sie unter Druck geraten.

Eine gelassene Einstellung hilft Ihnen, auch anstrengende Phasen durchzustehen. Wie belastend Anforderungen wirklich werden, liegt auch an uns: Wenn wir uns im Innern „keinen Stress machen", können wir auch mit Belastungen von außen besser umgehen. Sollten private Sorgen Sie allerdings so sehr belasten, dass Ihre Arbeit darunter leidet, holen Sie sich unbedingt professionellen Rat. Anlaufstellen hierfür sind beispielsweise Familienberatungen der karitativen Verbände, private Lebensberater und Schuldnerberatungsstellen.

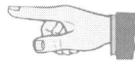

Tipp Wenn Sie unter einer Sinnkrise leiden und Ihre Arbeit oder Ihr ganzes Leben in Frage stellen, so können Sie das durchaus auch als positives Zeichen deuten. Denn es ist ganz normal, dass wir in unserem Leben verschiedene Stufen durchlaufen und unsere Ziele von Zeit zu Zeit neu definieren. Sonst würden Sie schließlich immer noch mit Legosteinen auf dem Teppich liegen. Wenn es geht, nehmen Sie sich eine Auszeit, bis Sie sich wieder stabilisiert haben. Ein Coaching, ein Persönlichkeitstraining oder auch Selbsterfahrungskurse können Sie dabei unterstützen, neue Lebensziele zu finden.

Da Stress ein uralter Schutzmechanismus ist, der uns auf körperliche Höchstleistung von Flucht oder Verteidigung vorbereitet, ist es am natürlichsten, wenn wir Stress körperlich abbauen. Das heißt, wann immer sich die Gelegenheit für Bewegung bietet, nutzen Sie diese! Nehmen Sie die Treppe statt des Fahrstuhls, fahren Sie mit dem Fahrrad zur Arbeit, wenn das möglich ist. Joggen, Fitnessstudio, Fußball, Schwimmen – viele Sportarten sind geeignet. Versuchen Sie mindestens drei Mal pro Woche je eine Stunde körperlich aktiv zu sein.

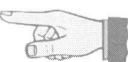

Tipp Vorbeugen können Sie Stress durch gesunde Ernährung, Pausen, Entspannungs- und Atemübungen. Vor allem durch die Identifikation mit Ihren Aufgaben und Ihrem Leben verhindern Sie, dass überhaupt erst Stress entsteht. Somit ist der Weg zu Ihren eigenen Zielen auch der Weg aus dem Stress.

Was tun in Stresssituationen?

Was aber, wenn Sie unvermittelt in eine Situation geraten, die Sie überfordert – sei es aus eigenem Verschulden oder durch äußere Umstände bedingt? Jeder kennt solche Situationen, die an den Nerven nagen – bis es einfach zu viel wird:

Beispiel

Der Tag beginnt für Franziska damit, dass sie vor dem Wecker aufwacht – bis sie merkt, dass er stehen geblieben ist und sie nur noch zehn Minuten Zeit hat, um pünktlich das Haus zu verlassen. Das schafft sie nicht und fährt verspätet los. Unterwegs gerät sie in stockenden Verkehr und wird zusehends ungeduldig. Als ihr jemand die Vorfahrt nimmt, hupt Franziska heftig, wodurch sie den Unmut der Passanten auf sich zieht. Völlig gehetzt und viel zu spät kommt sie schließlich im Büro an. Eine wichtige Sitzung hat schon vor 10 Minuten begonnen. Sie muss noch Unterlagen kopieren, doch ausgerechnet jetzt ist der Toner aus. In der Sitzung kann sie sich kaum auf das anstehende Thema konzentrieren, weil ihr ständig der Streit mit ihrem Partner vom letzten Abend durch den Kopf geht. Als ihr Chef sie nach den Quartalszahlen fragt, muss sie leider passen, weil sie die Unterlagen nicht griffbereit hat – wie peinlich! Der Tag fängt ja gut an ...

Bereits zu Beginn dieses Buchs haben Sie die Stresssituation als gestrandeter Schiffbrüchiger durchgespielt. Dabei ging es darum, mit den zur Verfügung stehenden Mitteln eine dem persönlichen Typ angepasste Strategie zu wählen. Unter dem Aspekt des Stressabbaus ist es nicht entscheidend, was Sie tun, sondern dass Sie überhaupt etwas tun. Denn solange Sie aktiv sind, gestalten Sie die Situation zumindest teilweise mit. Bleiben Sie dagegen untätig, so werden Sie sich eher ohnmächtig der belastenden Situation ausgeliefert sehen. Vor diesem Hintergrund können Sie die folgende Übung machen.

Übung 42: Stress abbauen

Wenn Sie die Stationen aus dem Beispiel oben aufgreifen – was würden Sie Franziska empfehlen, um ihren Stress zu reduzieren?

1. Wecker:
2. Verkehr:
3. Verspätung:
4. Drucker:
5. Konzentrationsschwierigkeiten:
6. Vergessene Quartalszahlen:

Lösungsvorschläge finden Sie im Anhang.

Tipp Wenn Sie wissen, wer Sie sind und wohin Sie wollen, relativiert sich Stress aus zweierlei Gründen: Erstens sind Sie beschäftigt mit Ihren wirklich wichtigen Zielen und erfahren daraus weniger Stress als vielmehr Zufriedenheit, und zweitens können Sie aus einer stabilen Mitte heraus Unvorhergesehenes und peinliche Situationen leichter einordnen und souveräner handhaben.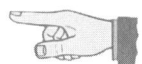

Probleme aus der Distanz betrachten

Eine weitere Technik, um Stress zu begegnen ist, die Bedeutung der momentanen Situation nicht überzubewerten. Relativieren Sie Ihre aktuellen Probleme auf der rationalen Ebene. Dazu dient die folgende Übung.

Übung 43: Probleme in Relation sehen

Nehmen Sie sich etwas Zeit und Ruhe für die Beantwortung folgender Fragen: Welche Probleme haben Sie im Alter von 15 Jahren gedrückt (z. B. unerfüllte Wünsche, eine unglückliche Liebe, Probleme in der Schule, Konflikte mit den Eltern)? Schreiben Sie sie auf:

Welche Bedeutung haben diese einst zentralen Probleme heute für Sie?

Ihr Denken und Streben kreist heute vermutlich um ganz andere Probleme: Wie finanziere ich vorteilhaft Wohneigentum? Welche Winterreifen werden empfohlen? Wie verbessere ich meine beruflichen Chancen? Welches sind Ihre Themen heute?

Machen Sie jetzt einen Sprung in die Zukunft. Was denken Sie, wird Sie in zwanzig Jahren beschäftigen? Welche Rolle werden z. B. soziale Kontakte und Mobilität für Sie spielen? Schreiben Sie Ihre Zukunftsthemen auf:

Was werden Sie wohl zu diesem späteren Zeitpunkt über Ihre heutigen Probleme denken? Welche werden noch relevant sein?

„Ich klagte, weil ich keine Schuhe hatte, bis ich einen Mann ohne Füße sah." *(Saadi von Schiraz, persischer Dichter, 13. Jhdt.)*

Beweisen Sie Konsequenz

Konsequenz bedeutet Folgerichtigkeit. Weil wir die eine Sache befürworten, folgt daraus die Richtigkeit einer anderen.

Beispiel

Wenn wir Übergewicht feststellen, aber lieber Idealgewicht oder Normalgewicht hätten, folgt daraus die Konsequenz abzunehmen. Die nächste Konsequenz daraus ist, weniger Kalorien zu uns zu nehmen und/oder mehr davon zu verbrauchen. Im Klartext bedeutet das: weniger essen, mehr Bewegung.

So weit die Theorie. Menschen, die unter ihrem Übergewicht leiden, sind aber oft frustriert, weil keine ihrer Bemühungen letzten Endes zum Erfolg geführt hat. Sie haben abgenommen, aber zu wenig, oder danach wieder schnell zugelegt. Die unüberschaubare Anzahl Diäten macht dieses Problem deutlich.

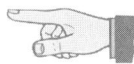

Tipp Wenn wir positiv denken, erreichen wir das, was wir uns wünschen, leichter. Zumindest bewegen wir uns in diese Richtung (Ziele ziehen an!). Eine Steigerung der Form positiver Visualisierung sieht so aus, dass wir uns nicht nur wünschen schlank zu werden, sondern unsere Identität mit dem Attribut „schlank" verknüpfen. Wenn wir also an uns denken, dann denken wir an einen schlanken Menschen (der momentan leider noch mit Übergewicht zu tun hat). Daraus ergibt sich zwangsläufig, dass wir uns wie ein Mensch ohne Gewichtsprobleme verhalten und ernähren. Vielleicht gehört es ja auch zu Ihren persönlichen Zielen mit weniger Gewicht zu leben. Für andere Vorhaben funktioniert der Trick natürlich ebenso.

Tatsächlich lässt sich in allen Lebensbereichen ein kausaler Zusammenhang zwischen unserer inneren Einstellung und dem daraus resultierenden Verhalten erkennen. Machen Sie dazu folgende Übung.

Übung 44: Kleiner Test zur Lebenseinstellung

Welche der nachfolgenden Begriffe passen zu Ihrer Lebenseinstellung? Kreuzen Sie spontan an, wie Sie Ihr Leben empfinden. Mehrfachnennungen sind möglich.

1. hart	6. erlaubt	11. amüsant
2. ungerecht	7. spannend	12. gerecht
3. interessant	8. hilflos	13. verplant
4. unüberschaubar	9. kontrolliert	14. schwierig
5. verboten	10. fatal	15. geordnet

Auswertung

Auf eine aktive Lebenseinstellung deuten nur die Begriffe interessant (3) und spannend (7) hin. Alle anderen Antworten signalisieren eine Einstellung, die von Mühsal (1, 2, 14), Fremdbestimmung (2, 4, 5, 6, 8, 9, 12, 13, 15) bzw. Schicksalsergebenheit (10) oder Konsumhaltung (11) geprägt ist. Wer seine eigenen Vorstellungen realisieren möchte, braucht als Basis eine Einstellung, die es ihm erlaubt, Dinge selbst in die Hand zu nehmen, bereit für Neues zu sein und die Verantwortung für sein Handeln zu übernehmen. Dann sieht man das Leben als interessantes und spannendes Unterfangen, bei dem ein eigener Handlungsspielraum innerhalb gewisser Grenzen Möglichkeiten zur Selbstverwirklichung bietet.

Unsere Handlungen folgen also aus unseren Einstellungen. Diese werden geprägt durch Hoffnungen und Annahmen. Möglicherweise vermissen Sie hierbei den Faktor Wissen, welcher doch entscheidenden Einfluss auf unsere Entscheidungen und Einstellungen nimmt. Aber unser Wissen stellt sich bei genauerer Betrachtung lediglich als Ansammlung mehr oder weniger gesicherter Annahmen heraus. Wir treffen Annahmen über die Welt, wie wir sie sehen, und nennen das Ergebnis Realität. Diese Realität ist jedoch nicht nur im Verlauf der Jahrhunderte einem steten Wechsel unterworfen, sondern auch innerhalb eines einzigen Lebens. Denken Sie nur daran, wie unterschiedlich Sie die Realität als Kind oder als Jugendlicher angesehen haben. Auch der religiöse Glaube lässt sich je nach Ausprägung als vage Hoffnung oder als feste Annahme beschreiben, absolute Sicherheit erhalten wir auch in dieser Frage nicht. So sind wir in der Ausgestaltung unserer Lebenseinstellung auf die relativ flexiblen Faktoren Annahme und Hoffnung angewiesen. Entsprechend unsicher gestaltet sich das Tun, wenn nicht feste Annahmen und eine starke Zuversicht die Richtung vorgeben. Dabei hilft uns ein folgerichtiges, konsequentes Handeln. Die folgende Übung prüft mögliche Handlungsalternativen auf deren Konsequenz.

Übung 45: Wie konsequent entscheiden Sie?

Sie spielen in einem Kasino Roulette. 2000 Euro haben Sie dabei, wollten aber nur höchstens 200 verspielen. Anfänglich hatten Sie wenig Glück, aber gerade scheint sich das Blatt zu wenden. Zwei schöne Gewinne in Folge füllen Ihre angeschlagene Kasse wieder auf, Sie ziehen Bilanz. Erschrocken stellen Sie fest, dass Sie trotz des momentanen Gewinns bisher bereits 500 Euro verloren haben. Wie reagieren Sie?

1. Ich habe bei 200 Euro leider verpasst aufzuhören. Nun ist der Verlust mehr als doppelt so groß. Damit muss ich leben. Jedenfalls höre ich auf.
2. Die momentane Glücksphase sollte ich ausnutzen, um bis zum vereinbarten Limit von 200 Euro Verlust hochzukommen. Ich beschließe, drei Mal 100 Euro auf eine einfache Chance (rot/schwarz) zu setzen.
3. Ich versuche einen dritten Erfolg in Serie und setze noch ein einziges Mal 300 Euro auf rot/schwarz.
4. Jetzt wo ich sowieso schon weit über mein Limit geraten bin, ist es doch egal. Ich setze mir das Ziel, den aktuellen Verlust von 500 Euro nicht zu vergrößern und spiele weiter.
5. Wer A sagt, muss auch B sagen. Ich setze das gesamte Kapital ein, um mindestens mein ursprüngliches Ziel von höchstens 200 Euro Verlust zu erreichen.

Eine Auswertung finden Sie im Lösungsteil.

So trainieren Sie Ihren Willen

Wille ist die Fähigkeit, an unseren Zielen festzuhalten und die gewünschten Ergebnisse zu erzielen. Wenn der Antrieb des Willens fehlt, ist es äußerst unwahrscheinlich, ein bestimmtes Ziel zu erreichen. Andererseits ist der Wille allein kein Garant dafür, viele andere Fähigkeiten spielen dabei eine teilweise wichtige Rolle. Doch gewinnen Sie aus einem starken Willen Ausdauer und Durchhaltevermögen. Daher erreichen wir auch nur die Ziele, die uns wirklich am Herzen liegen, entgegen aller Widerstände, Unsicherheiten und Kritik. Mit der folgenden Übung können Sie Ihren Durchhaltewillen testen.

Übung 46: Wie stark ist mein Durchhaltevermögen?

Kreuzen Sie die Aussagen an, denen Sie zustimmen. Mehrere Nennungen sind möglich.

1. Normalerweise führe ich Dinge bis zum Erfolg durch.
2. In der Arbeit kommt es öfter vor, dass ich mich in eine Sache so vertiefe, dass ich darüber vergesse, jemanden zurückzurufen.
3. Ich habe gewöhnlich viele Vorhaben zur gleichen Zeit.
4. Ich gebe mir gerne Mühe und versuche Dinge auch zwei und drei Mal, aber wenn es nicht klappt, gebe auf.
5. Was ich mir vornehme, ziehe ich alleine durch.
6. Ich habe es schon öfter erlebt, dass Projekte im Sand verlaufen sind.
7. Ich lasse mich leicht ablenken.
8. Kritik an meinem Plan macht mich nur umso überzeugter.

Eine Auswertung finden Sie im Lösungsteil.

Sind Sie nicht ganz zufrieden mit der Auswertung? Oder glauben Sie, dass Ihnen mehr Durchhaltevermögen nicht schaden könnte? Dann trainieren Sie Ihren Willen. Dazu schlagen wir Ihnen nun verschiedene Übungen vor.

Übung 47: Durchhaltetraining I

Wählen Sie eine aktuelle Aufgabe. Es kann sich um eine berufliche Pflicht handeln, um Sport oder um eine Fremdsprache, die Sie gerade lernen. Nun erledigen Sie Ihr Vorhaben wie gewohnt. Wenn Sie fertig sind, machen Sie noch eine Extrarunde: Schreiben Sie ein Angebot mehr, hängen Sie an Ihre übliche Joggingrunde noch eine Runde dran, lernen Sie nach Ihrem Sprachkurs noch 10 Vokabeln extra! So trainieren Sie Ihren Willen, während Sie Ihre Arbeit erledigen, Ihre Fitness steigern oder sich fortbilden.

Dies ist auch eine ganz einfache Technik, wenn Sie Ihre Leistung steigern wollen: Machen Sie es sich zum Prinzip, immer noch „einen draufzupacken".

Beispiel

Wenn Sie gern mit dem Rad unterwegs sind, können Sie es sich durch ein kleines Gewicht etwas erschweren. Oder vergessen Sie am Berg einfach mal das kleine Kettenrad. Zu schwer? Früher hatten die Menschen gar keine Gangschaltung und sind auch überall hingekommen!

Eine andere Art den Willen zu schulen ist, die ausgetretenen Pfade der Routine zu verlassen und etwas Neues auszuprobieren: ein Instrument lernen, eine Fremdsprache oder eine neue Sportart.

Übung 48: Durchhaltetraining II

Suchen Sie sich etwas aus, das Sie interessiert, und setzten Sie sich zum Ziel, diese neue Tätigkeit mindestens ein halbes Jahr regelmäßig auszuüben. Lassen Sie keine Ausnahmen zu. Die sechs Monate sind Pflicht – das müssen Sie verbindlich mit sich abmachen! Erst dann können Sie sich umentscheiden und etwas anderes versuchen.

Verbinden Sie Ihre Selbstverpflichtung mit einer Belohnung, dann haben Sie die besten Voraussetzungen zum Durchhalten. Sie sind sich im Fall des Abbrechens immerhin Rechenschaft schuldig – und verlieren zudem das Anrecht auf die „Prämie".

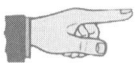

Tipp Es ist attraktiver, sich für jede Etappe (z. B. jeden Monat bei einer längeren Beschäftigung) eine kleine Belohnung in Aussicht zu stellen als nur eine für das Erreichen des fernen Ziels. Sie können auch beides kombinieren!

Wenn Sie mutiger sind, dann nehmen Sie sich etwas Schwieriges vor, das Sie sich bisher nie zugetraut haben. Fallschirmspringen oder Tauchen, Karaoke singen oder eine Nachtwanderung – ganz egal, Hauptsache, Sie trauen es sich eigentlich gar nicht zu. Und da ist es wieder, unser Wörtchen „eigentlich". Sie wissen schon, worauf das jetzt hinausläuft? Genau: Wer sich eigentlich etwas nicht zutraut, der tut das für gewöhnlich, aber nicht unbedingt und nicht immer. Zum Beispiel jetzt gerade könnten Sie eine Ausnahme machen!

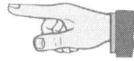

Tipp Damit Sie sich nicht überfordern, wählen Sie ein Vorhaben, bei dem ein Misserfolg keine negativen Konsequenzen hat. Es eignen sich also solche Ziele, die neutral besetzt sind. Nehmen Sie sich zum Beispiel vor, ein paar Akkorde auf der Gitarre zu lernen oder ein schwieriges Rätsel zu lösen. Merken Sie, dass es das nicht war, sind Sie um eine Erfahrung reicher – aber weiter ist auch nichts passiert.

Denken Sie an die Erfolgskontrolle

In jedem Fall definieren Sie gleich zu Beginn die Kriterien für die Erfolgskontrolle. Vereinbaren Sie mit sich keine Mogelverträge, sondern treffen Sie konkrete Aussagen über Ihr Ziel

Beispiel

„Ich werde mehr Rad fahren" kann alles heißen, wenn Sie zuvor so gut wie nie Fahrrad gefahren sind. Ein besseres, weil messbares Ziel wäre: „Ich werde mindestens einmal jede Woche Rad fahren, und mindestens 50 Kilometer." Dann können Sie immer noch entscheiden, ob Sie einmal 50, zweimal 25 oder 5 mal 10 Kilometer fahren – Hauptsache, Sie erfüllen Ihr Wochenpensum. Schon etwas gemogelt ist, wenn Sie eine Woche 100 Kilometer fahren, die nächste aber ganz aussetzen.

Besser als ein riesiges Fernziel sind regelmäßige, feste Größen, die es kontinuierlich zu erfüllen gilt. Schon allein deshalb, weil jede Unregelmäßigkeit extra bilanziert werden muss und die Zielerreichung erschwert.

Beispiel

50 km pro Woche Radfahren macht rund 2500 km pro Jahr. Aber wenn Sie einen „Jahresvertrag" abschließen, kann das leicht dazu führen, dass Sie die Vertragserfüllung teilweise oder sogar ganz bis zum letzten Monat aufschieben und dann feststellen müssen, dass Sie unmöglich in einem Monat 2500 Kilometer mit dem Rad fahren können. Wenn Sie in so einer Situation noch etwas retten wollten, müssten Sie sich selbst gegenüber aber ehrlich sein und die Strecke erst recht leisten – und dies würde etwa 80 km am Tag bedeuten!

139

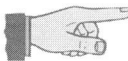

Tipp Wenn es Ihnen schwer fällt, Ihren Vertrag zu erfüllen, weil es niemand sieht, dann wetten Sie mit Ihrem Partner, einem Freund oder Kollegen. Das wirkt motivierend. Wenn Sie die Wette gewinnen, bekommen Sie zusätzlich Anerkennung von außen.

Achten Sie auf Regelmäßigkeit!

Eine weitere Möglichkeit Ihren Willen zu trainieren besteht darin, regelmäßig früher aufzustehen, früher loszufahren und früher anzufangen. Machen Sie einfach alles wie bisher, nur eine Viertelstunde oder zehn Minuten eher. Beobachten Sie, was passiert. Plötzlich gelingt Ihnen mühelos, was zuvor fast unmöglich erschien, nämlich pünktlich zu sein. Der Spätaufsteher mag jetzt murren, dass er die zehn Minuten mehr Schlaf braucht. Aber das ist nur Einbildung, denn der Körper funktioniert mit sieben Stunden Schlaf ebenso wie mit siebeneinhalb oder sieben Stunden und zehn Minuten – zehn Minuten spürt man nicht. Wenn Sie allgemein zu wenig Schlaf haben, weil Sie zu spät ins Bett gehen, dann lassen Sie einfach den Spätkrimi weg.

Übung 49: Durchhaltetraining für Zuspätkommer
Probieren Sie eine Woche lang aus, 10 Minuten früher aufzustehen. Stellen Sie sich den Wecker konsequent auf die frühere Weckzeit und bleiben Sie dann nicht liegen. Motivieren Sie sich mit einer Belohnung.
Denken Sie dabei auch an die positiven Effekte: Fällt Ihnen beispielsweise auf dem Weg zur Arbeit plötzlich siedend heiß ein, dass Sie noch tanken müssen, haben Sie dafür noch Zeit – und kommen nicht in Bedrängnis wie sonst üblich! Sie können die Anforderung steigern, indem Sie in der zweiten Woche noch einmal 5 Minuten draufsetzen – schon haben Sie eine Viertelstunde gewonnen. Dann noch eine Woche 5 Minuten eher aufstehen und die vierte nochmals 10 Minuten eher. Bleiben Sie konsequent, dann haben Sie es geschafft, innerhalb eines Monats eine halbe Stunde früher aufzustehen!

Widerstehen Sie bei dieser Übung unbedingt der Versuchung, die Reservezeit für beliebige Dinge zu verwenden. Das führt nur dazu, dass Sie die wertvolle gewonnene Zeit für Nebensächlichkeiten verschwenden – und am Ende wieder zu spät kommen, obwohl Sie doch extra früher gestartet sind. Schließlich wollen Sie doch Ihren Zeitvorsprung möglichst bis ins Büro retten. Denn dort profitieren Sie von dem Zeitvorteil ebenfalls, sei es dass Sie noch einen günstigen Parkplatz wählen können, sei es, dass Sie in Ruhe Zeit für ein paar letzte Vorbereitungen für den folgenden Termin haben etc. Probieren Sie es einfach aus, und halten Sie eine fest geplante Zeitspanne durch. Anschließend werden Sie bestimmt nicht mehr darauf verzichten wollen.

Größere Willensprojekte meistern

„Willensprofis" nehmen sich ein großes Projekt vor, das viel Vorbereitung und Geduld erfordert. Je geringer der erwartete Gewinn, desto mehr Durchhaltewillen müssen Sie aufbringen, um Ihr Vorhaben nicht unterwegs abzubrechen. Beispiele hierfür sind extreme Bergtouren, die sehr umfangreiche Vorbereitungen hinsichtlich Material, Planung und Konstitution erfordern. Dazu kommt die Bereitschaft, große Strapazen zu ertragen, Zeit zu investieren und vielleicht auch hohe Kosten zu tragen. Das erfordert eine überdurchschnittliche Motivation und ein ausgeprägtes Durchhaltevermögen. Beides ist nur möglich, wenn Sie Ihr Ziel nie aus den Augen verlieren.

Die Meisterschaft der Selbstmotivation zeigt sich gerade darin, auf äußere Motivatoren weitgehend verzichten zu können. Auf einen hohen Berggipfel zu gelangen und heil zurückzukehren verspricht weder Reichtum noch Berühmtheit. Man will es einfach nur sich selbst beweisen und das Erlebnis um seiner selbst Willen realisieren.

Übung 50: Mein Willenstraining

Und nun können Sie Ihr persönliches Willenstraining planen. Tragen Sie jeweils ein, welche Aufgaben Sie erfüllen wollen:

1. Lernen oder machen Sie zuerst etwas Neues von überschaubarem Umfang.
    Mein Grundkurs: Ich werde _____
    Beginn am: _____ Ende frühestens am: _____

2. Machen Sie dann zwei Dinge, die Sie sich „eigentlich" nicht zutrauen.
    Stufe A: Das Vorhaben hat bei Misserfolg keine Konsequenzen
    Mein Fortgeschrittenenkurs A: Ich werde _____
    Beginn am: _____ Ende frühestens am: _____

    Stufe B: Das Vorhaben hat bei Misserfolg Konsequenzen.
    Mein Fortgeschrittenenkurs B: Ich werde _____
    Beginn am: _____ Ende frühestens am: _____

3. Stellen Sie sich schließlich einer großen Herausforderung, die auch Ihr Durchhaltevermögen auf die Probe stellt.
   Mein Profitraining beinhaltet _____
   Beginn am: _____ Ende frühestens am: _____

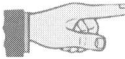

Tipp Bei allen Zielen gilt: Definieren Sie klare Zielerreichungskriterien. Seien Sie ehrlich bei der Erfolgskontrolle. Honorieren Sie Teilerfolge und arbeiten Sie an den Defiziten.

Lektion 6: Handeln nach Plan

*Konfuses Handeln ist selten effektiv. Doch nicht
jeder ist eine Planernatur. Abgesehen davon, dass auch
nicht jede Aufgabe geplant werden muss,
um sie erfolgreich zu meistern. Im Gegenteil kann zu
viel Bürokratie auch schaden. Lernen Sie jetzt,
wann es sich zu planen lohnt und wie Sie dabei sinnvoll
vorgehen.*

So sehr spontane Menschen Planung als starres Korsett ablehnen, weil sie sich dadurch in ihrem Vorgehen gehindert sehen, so sprechen doch viele Gründe dafür, vor dem Handeln zu planen:

- Wer plant, überdenkt Aufgabe und Problem in aller Regel gründlicher, er erfasst mehr Aspekte und Alternativen.
- Erst durch (schriftliche) Planung werden auch komplexere Zusammenhänge überschaubar, die rein gedanklich nicht zu leisten sind.
- Durch den Vergleich verschiedener Lösungsmöglichkeiten bekommen Sie hilfreiche und abgesicherte Argumente für die Durchsetzung Ihrer Ziele in der Diskussion.
- Sie können Risiken, Probleme und Eventualitäten besser erfassen, entsprechend schon im Voraus Maßnahmen zu deren Bewältigung entwickeln.

Im Ergebnis liefert Ihnen also eine solide Planung die verlässliche Grundlage für eine sichere Entscheidungsfindung – und kann Ihnen viel Zeit sparen, die spontane Macher nach einem fehlgeschlagenen Projekt mit Flickschusterei verbringen müssen.

Beispiele

Nicht umsonst stecken hinter großen Vorhaben wie einem Forschungs- oder Bauprojekt Pläne. Schon der Familienvater, der ein kleines Haus bauen will, wird ohne Planung nicht auskommen. Denn wie will er sonst wissen, wie viele Mauersteine, Dachziegel und Kanthölzer dafür notwendig sind? Erst Planung macht die Organisation des Bauablaufs transparent und die Investition kalkulierbar.

Planen werden Sie vermutlich aber auch schon Ihre Urlaubskasse, oder Sie arbeiten im Sport mit einem Trainingsplan. Genauso sinnvoll ist es, wichtige Verhandlungen planvoll anzugehen. Überlegen Sie sich zum Beispiel im Voraus, was Sie in Ihrer nächsten Gehaltsverhandlung vorbringen möchten und wie Sie auf mögliche Gegenargumente antworten. So sinkt die Wahrscheinlichkeit, dass Sie mit etwas konfrontiert werden, auf das Sie nichts zu sagen wissen, was Ihre Erfolgschancen erheblich steigen lässt.

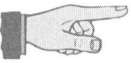

Tipp Planen Sie alle wichtigen Verhandlungen, Vorträge, Überzeugungs- und Kritikgespräche, und Sie werden die Vorzüge der strategischen Gesprächsvorbereitung zu schätzen lernen.

Ein weiterer großer Vorteil der Planung liegt in ihrer Verbindlichkeit. Wenn ein Bauplan für ein Haus Maße vorsieht, so sind diese für alle Beteiligten verbindlich. Ebenso ist es für uns im Privatbereich verbindlicher, einen konkreten Trainingsplan mit Art und Anzahl der Übungen, Termin und Ausführungsdauer aufzustellen, als sich vage vorzunehmen, dass „man anfangen sollte", Gymnastik zu machen.

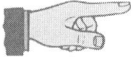

Tipp Wenn es Ihnen Ernst ist mit Ihren Plänen, dann machen Sie einen konkreten Plan darüber, setzen Sie sich Zeiten und halten Sie diese ein. Pläne sind verbindlich, verlässlich und konkret – zu Ihrem Nutzen.

Aber wie viel Planung ist eigentlich notwendig und sinnvoll?

Wie viel Planung darf sein?

Bei vielen unserer täglichen Aufgaben stellt sich die Frage, wie spontan man handeln soll bzw. wie gründlich die Sache planerisch vorzubereiten ist. In manchen Fällen hätte eine etwas gründlichere Vorbereitung dem Ergebnis qualitativ und finanziell sicherlich gut getan, in anderen Fällen wurde Geld für überflüssige Planung ausgegeben und dabei viel Zeit verloren.

Beispiel

In der Krankenstation eines Jugendgefängnisses wurde vor Jahren der Beschluss gefasst, an allen Türen neue Schlösser anzubringen. Also wurden Schlösser gekauft, die aber drei Jahre lang liegen blieben, da sie angeblich nicht in die Türen passten. Dann plötzlich informierte die mit den Schlössern betraute Abteilung die Belegschaft mit einem mehrfachen(!) Rundschreiben, dass die Schlüssel für die neuen Schlösser – die immer noch nicht passten und also auch nicht eingebaut wurden – nun abzuholen seien. Wohl weil ein übermäßiger Ansturm von Seiten der Mitarbeiter befürchtet wurde, sah die Abteilung vor, hierfür Termine zu vergeben. Für die Terminvereinbarung wiederum wurden feste Zeiten vorgegeben, in denen man sich an einen Sachbearbeiter wenden und einen Abholtermin vereinbaren konnte. Ein gewaltiger Aufwand für Schlüssel, die niemand brauchte.

Es gibt viele Beispiele für zu viel Planung und Bürokratie. Da gibt es Ausschüsse, die sich mit Fragen beschäftigen, die gar nicht umgesetzt werden können, oder Gremien, die nach jahrelanger Arbeit realitätsfremde Entwürfe präsentieren. Politik, Verwaltung und Unternehmen halten hier genügend Überraschungen bereit. So stehen mancherorts unglaublich teure Brücken wie moderne Triumphbogen in der Landschaft, keine Straße führt hindurch oder darüber. So werden – trotz aller Planung – Jahr für Jahr viele Millionen buchstäblich in den Sand gesetzt.

Mit der folgenden Szenarioübung können Sie nun Ihr planerisches Vorgehen an einem konkreten Fall prüfen.

Übung 51: Büroeinrichtung planen

Sie sind zuständig für die Auswahl der neuen Büroeinrichtung. Wie gehen Sie vor? Kreuzen Sie bis zu fünf Antworten an, die Ihr Verhalten und Ihr Vorgehen am besten beschreiben.

1. Ich besorge alle Kataloge, die ich bekommen kann, und werte diese systematisch aus.
2. Ich delegiere die Recherche an meine Mitarbeiter.
3. Ich kaufe Bücher über Feng Shui.
4. Ich zeichne mit Kreide die wichtigen Wege auf den Teppichboden, die frei bleiben sollen.
5. Ich konzentriere mich auf graue Möbel, weil die am ehesten konsensfähig sind.

6. Das wichtigste Kriterium ist Ergonomie.
7. Ich beantrage die Bildung einer Arbeitsgruppe.
8. Ich bestelle direkt bei einem bekannten Hersteller.
9. Ich sammle erst einmal Ideen aus der Belegschaft.
10. Ich überlege zuerst, wo ich sparen kann, und schließe die XY-Abteilung von der Neuausstattung aus.
11. Zuerst wird die eine Abteilung in einem Pilotprojekt mit den neuen Möbeln ausgestattet.
12. Mit einer schriftlichen Umfrage prüfe ich vorab das allgemeine Stimmungsbild.
13. Ich konzentriere mich bei meiner Entscheidung auf Eckdaten der wichtigsten Modelle.

Eine Auswertung mit Hinweisen zu Ihrer Verhaltenseinschätzung finden Sie im Lösungsteil.

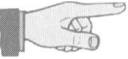

Tipp Wenn Sie zu der Überzeugung gelangen, die am besten geeignete Maßnahme gefunden zu haben, sollten Sie diese Meinung auch deutlich in den entsprechenden Gremien vertreten. Mit guten Argumenten und geschickten Allianzen lassen sich oftmals selbst Gegner überzeugen. So können Sie sich als zielbewusster Entscheider profilieren.

Planen, aber richtig!

Kommen wir nun zur praktischen Planung. Hier zunächst einige ganz wichtige Tipps:

- Planen Sie Ihre beruflichen und/oder privaten To Dos am Vorabend schriftlich für den nächsten Tag, mit Uhrzeit und Zeitbedarf.
- Halten Sie sich an diesen Fahrplan.
- Setzen Sie Prioritäten, zum Beispiel nach dem Eisenhower-Schema (siehe S. 128).
- Beginnen Sie stets mit den wichtigen Arbeiten und/oder nutzen Sie Ihre Hochleistungsphase dafür.
- Bündeln Sie ähnliche Aktivitäten wie Telefonate, Anschreiben und Verwaltungsaufgaben.
- Nehmen Sie sich jeden Tag mindestens eine Stunde, in der Sie un-

gestört arbeiten können (was besonders wichtig ist für strategische Aufgaben).

- Planen Sie Pausen und Regenerationszeiten ein (in der Arbeitszeit, Freizeittermine).
- Planen Sie alle wichtigen Gespräche, Entscheidungen und Projekte im Voraus.
- Nutzen Sie Planungstools und achten Sie dabei auf das Verhältnis von Planungsaufwand auf der einen Seite und Volumen und Ziel der Aufgabe auf der anderen Seite (z. B. Checklisten für Routineaufgaben, einfache Terminpläne für kleine Projekte, vernetzte Pläne für Großprojekte etc.).
- Planen Sie auch für private Tätigkeiten außer der Reihe Datum, Uhrzeiten und Zeitraum. Nutzen Sie Erinnerungshilfen wie Kalender, Notizzettel, Post-It-Aufkleber oder Pinwand.

Und jetzt trainieren Sie mit der folgenden Übung gleich im Alltag! Dabei spielt es keine Rolle, ob Sie im Büro sitzen, Führungskraft oder Freiberufler sind, noch studieren oder zu Hause Kinder und Haushalt managen.

Übung 52: Drei kleine Dinge planen

Greifen Sie sich aus der kommenden Woche einen normalen Arbeitstag heraus. Wichtig ist, dass er nicht mit Terminen überfüllt ist, sondern noch etwas Freiraum bietet. Planen Sie nun konkret, an diesem Tag drei (zusätzliche) Dinge zu erledigen. Es muss sich nicht um etwas Aufwändiges handeln, Sie müssen es nur wirklich erledigen wollen. Planen Sie zwei eher lästige Arbeiten und etwas Entspannendes ein. Lassen Sie sich von folgenden Vorschlägen inspirieren:

- Schreibtisch aufräumen
- Großeinkauf machen
- Telefonbuch/Kontaktdatenbank aktualisieren
- Internetrecherche, z. B. Fortbildungsangebot verschiedener Anbieter vergleichen
- Haushaltsbuch anlegen
- Gespräch mit Mitarbeiter X führen
- Freunde zum Abendessen einladen
- Eltern anrufen
- Altpapier, Dosen und Flaschen wegbringen
- Mit Kindern Ausflug in den Zoo/Museum/... machen
- Einem alten Freund eine Postkarte schreiben oder ihm kurz mailen

- Fenster putzen
- Kleines Geschenk für Partner/in kaufen
- Ablage sortieren und abheften

Bringen Sie nun Ihre drei Tätigkeiten unter. Nutzen Sie dazu Ihre üblichen Planungshilfen. Planen Sie auch nötige Vorbereitungen (z. B. Kartenreservierung) frühzeitig ein, notieren Sie dafür ebenfalls Termine und Zeitbedarf. Viel Erfolg bei der Umsetzung!

Hier können Sie anschließend noch dokumentieren, ob Sie alles geschafft haben – und wenn nicht, woran dies lag.

1. Plan durchgeführt   ja ☐   nein ☐
Wenn nicht, weil: _____

Ersatztermin: _____

2. Plan durchgeführt   ja ☐   nein ☐
Wenn nicht, weil: _____

Ersatztermin: _____

3. Plan durchgeführt   ja ☐   nein ☐
Wenn nicht, weil: _____

Ersatztermin: _____

Checklisten erstellen

Wenn Sie wiederkehrende Aufgaben haben, die von verschiedenen Mitarbeitern einheitlich ausgeführt werden sollen oder bei denen leicht etwas vergessen wird, dann verwenden Sie Checklisten. Bei der Erstellung einer Checkliste beachten Sie folgende Regeln:

- Definieren Sie klar Anwendungsbereich und Ausgangszustand. Sonst gibt es Missverständnisse und die Nutzer gehen von unterschiedlichen Grundannahmen aus.
- Definieren Sie die beschriebenen Elemente exakt und bleiben Sie bei einem Begriff für eine Sache. Wenn Sie zum Beispiel von einem Computerprogramm sprechen, wechseln Sie z. B. nicht zwischen „Software", „Hilfsprogramm", „Tool", „Shareware", etc.
- Listen Sie sämtliche erforderlichen Handlungsschritte auf. Auslassungen führen zu Missverständnissen und Fehlern. Setzen Sie hierbei nichts als selbstverständlich voraus.

- Achten Sie darauf, dass die Reihenfolge dem praktischen Vorgehen entspricht.
- Geben Sie (bei technischen Checks) durch eindeutige Skizzen oder Bilder Hilfestellung, wo die beschriebenen Elemente sich befinden und woran die Soll-Zustände erkennbar sind.

Übung 53: Eine Checkliste anfertigen

Überlegen Sie, für welche berufliche oder private Aufgabe eine Checkliste hilfreich wäre. Beispiele sind: für eine Urlaubsreise packen, die Heizungsanlage prüfen, eine Tonerkartusche wechseln, eine Präsentation vorbereiten, einen Entwurf prüfen, ein Briefing erstellen, etc. Wählen Sie ein Thema aus Ihrer Praxis und legen Sie los!

Tipp Prüfen Sie das Ergebnis, indem Sie einen Kollegen/Ihren Partner/ einen Mitarbeiter die fertige Checkliste durcharbeiten lassen. So erkennen Sie gegebenenfalls Lücken und Unklarheiten.

Analytisch planen, strategisch vorgehen

Normalerweise greifen wir auf bewährte Planungsverfahren zurück, die mehr oder weniger schematisch zur angestrebten Lösung führen. Was aber, wenn Sie eine neue Problemstellung lösen wollen, für die Ihnen kein vorbereitetes Verfahren zur Verfügung steht? Dann müssen Sie strategisch-analytisch denken, um selbst eine Lösung zu finden. Wie alles andere auch, kann man das lernen und trainieren. Wesentliche Elemente sind hierbei eine gründliche Analyse der Ausgangslage, eine präzise Zieldefinition (siehe Lektion 2) und die Auswahl geeigneter Maßnahmen (siehe Lektion 3).

Bei dem nun folgenden Problem ist – trotz knapper Entscheidungszeit – strategisches Vorgehen und analytischer Verstand gefragt. Die Übung ist nicht leicht, aber spannend, und hat schon für viele Diskussionen gesorgt. Ein Hinweis vorweg: Es geht vor allem um die Frage nach den Wahrscheinlichkeiten.

Übung 54: Das Drei-Türen-Problem

Die Regeln: Sie müssen sich je Spiel einmal für eine Tür entscheiden und dürfen diese anschließend entweder wechseln oder behalten. Bitte kreuzen Sie jeweils den Buchstaben Ihrer Auswahl an.

Die Situation: Sie befinden sich in einem Gewinnspiel. Hinter einer von drei Türen liegt ein Kuvert mit 5000 Euro, die anderen beiden sind leer. Sie sollen auf die Türe mit dem Kuvert tippen und wählen die linke.

Doch bevor diese geöffnet wird, bietet der Moderator Ihnen an, die Tür zu tauschen. Zuvor öffnet er die rechte Türe – sie ist leer. Er fragt Sie also, ob Sie Ihre erste Wahl aufrechterhalten oder gegen die andere verschlossene, die mittlere Tür tauschen wollen. In diesem Spiel öffnet der Moderator immer eine leere Tür, gleich ob Sie bereits auf den Gewinn getippt haben oder nicht. Sie wissen also nur: Hinter einer der beiden verbleibenden Türen ist der Gewinn.

Wie ist Ihre spontane Entscheidung in dieser Situation? Sie haben 1 Minute Bedenkzeit. Bitte schauen Sie auf die Uhr und entscheiden innerhalb dieser Zeit.

a) Ich bleibe bei meiner Entscheidung für die linke Tür.
b) Ich wechsle zur mittleren Tür.

Haben Sie gewählt? Dann lesen Sie jetzt bitte weiter.

Der Moderator zögert noch damit, Ihre Entscheidung als endgültig anzunehmen. Für die Zuschauer macht er es spannend, indem er zusammenfasst: „Das Problem ist, dass Sie nicht wissen, welche erste Wahl Sie getroffen haben. Wenn Sie zu Beginn richtig lagen, würden Sie den Gewinn mit einem Wechsel verlieren. Was aber, wenn Sie sich vorstellen, dass Sie zu Beginn eine leere Tür gewählt haben? Dann wäre die andere Tür mit Sicherheit die mit dem Kuvert, denn die rechte Tür scheidet aus. Andererseits können Sie dann auch genauso gut bei Ihrer ersten Wahl bleiben. Letzte Chance: Möchten Sie Ihre Entscheidung nun vielleicht noch ändern?" Wählen Sie!

a) Nein, ich bleibe bei meiner letzten Wahl.
b) Ja, ich glaube, dass ich meine Chancen verbessere, wenn ich umdisponiere.

Wie oft haben Sie bisher Ihre erste Entscheidung (Wechsel ja oder nein) revidiert? Kreuzen Sie wieder an.

a) keinmal
b) einmal
c) zweimal

Der Moderator öffnet nun die linke Tür (Ihre ursprüngliche Wahl). Dahinter erscheint das Kuvert! Sie hatten also ursprünglich auf die richtige Tür gesetzt. Haben Sie mit Ihren Entscheidungen zu wechseln den Gewinn behalten? Bei 0 und 2 Mal wechseln landen Sie bei der Tür mit dem Gewinn. Bei einmaligem Wechseln haben Sie Pech gehabt. Kreuzen Sie an:

a) Ja, ich habe gewonnen.
b) Nein, ich habe leider nicht gewonnen.

Welche Schlüsse ziehen Sie nun aus dieser Erfahrung? Würden Sie sich das nächste Mal wieder so entscheiden?

a) Das Wechseln hätte nichts gebracht. Und nach zweimal Wechseln bin ich nur wieder bei meiner ursprünglichen Wahl. Also bleibe ich lieber gleich bei der ersten Entscheidung.

b) Ich glaube, das ich mit einem Wechsel meine Trefferquote verbessere.

Daraus ergibt sich für Sie eine der folgenden Positionen. Bitte wählen Sie:

a) Sie hatten Erfolg und bleiben bei Ihrer Strategie.

b) Sie hatten keinen Erfolg und wechseln daher zur Taktik ohne Wechseln.

c) Sie hatten keinen Erfolg und glauben aber, dass Sie mit Ihrer Strategie eher Erfolg haben müssten.

d) Unwahrscheinlicher ist, dass Sie Erfolg hatten und trotzdem zur anderen Taktik wechseln.

Sie spielen eine zweite Runde. Dieses Mal wählen Sie die mittlere Tür. Der Moderator zeigt Ihnen die leere rechte Tür. Also kann sich der Gewinn nur hinter der geratenen mittleren Tür verbergen oder wieder an der gleichen Stelle wie im letzten Spiel, nämlich links. Wie wählen Sie?

a) Zweimal hintereinander dieselbe Tür ist unwahrscheinlich. Ich bleibe bei der Mitte.

b) Ich glaube, dass ein Wechsel meine Chancen erhöht. Ich wähle die linke Tür.

Der Moderator öffnet die mittlere Tür. Sie ist leer. Das Kuvert war tatsächlich wieder hinter der linken Tür.

Die dritte und letzte Runde: Diesmal wählen Sie die rechte Tür. Der Moderator öffnet die mittlere Tür: kein Gewinn. Also befindet sich das Kuvert hinter der linken oder der rechten Tür. Wieder bietet der Moderator Ihnen einen Wechsel zur anderen Tür an. Wie entscheiden Sie in dieser Runde?

a) Ich bleibe bei der rechten Tür. Drei Mal hintereinander links ist zu unwahrscheinlich.

b) Meine Chancen verbessern sich durch den Wechsel zur linken Tür.

Entscheiden Sie sich jetzt!

Der Moderator öffnet die rechte Tür: Dahinter der Gewinn! Aus dieser Reihe ziehen Sie folgende Schlüsse:

a) Meine Erfolge mit der Strategie des Nicht-Wechselns überwiegen. Ich bleibe dabei.

b) Ich glaube an die besseren Chancen durch Wechseln der Tür trotz dieser Ergebnisse.

c) Ich will mich nicht festlegen und entscheide jeweils nach Intuition.

Tragen Sie jetzt hier Ihre Entscheidungskette ein. Sie müssten neun Buchstaben angekreuzt haben:

Meine Entscheidungskette: ... − ... − ... − ... − ... − ... − ... − ... − ...

Können Sie an dieser Stelle auch schon die Zusatzfrage beantworten: Wie hoch sind Ihre Chancen, die richtige Türe zu treffen?

Beim Wechseln der Tür: Trefferwahrscheinlichkeit _____ %

Ohne Wechseln der Tür: Trefferwahrscheinlichkeit _____ %

Auswertung

Tatsächlich spielt die Überlegung keine Rolle, ob der Gewinn in einem der letzten Spiele schon einmal an einer bestimmten Position auftauchte. Die Mitarbeiter könnten ihn theoretisch drei Mal hintereinander dort ablegen. Und auch bei einer zufälligen Auswahl könnte beispielsweise drei Mal hintereinander die linke Tür gewählt werden. Die Folgewahl „weiß" ja nichts vom Ergebnis der vorangegangenen! Es stehen immer drei Türen zur Auswahl mit gleichen Chancen von je 1/3.

Somit beträgt die Chance, die richtige Tür bei der ersten Wahl getroffen zu haben, immer 1/3. Die Sache wird interessant, wenn der Moderator die Auswahl auf zwei Türen verringert. Dann, möchte man meinen, beträgt die Wahrscheinlichkeit 1:1. Dem ist aber nicht so, denn wie wir gesehen haben, beträgt die Wahrscheinlichkeit bei der ersten Wahl 1/3. Also entfallen die restlichen 2/3 auf die verbleibenden Türen. Wenn nun von diesen eine als nicht richtig gezeigt wird, erhält sie die Wahrscheinlichkeit Null. Die Tür, zu der ich wechseln kann – und auch sollte – vereint in sich also die überwiegenden 2/3 und ist damit doppelt so wahrscheinlich wie mein erster Tipp.

Bei dem Spiel geht es aber nicht nur darum, den Wert des Wechselns unter entsprechenden Gegebenheiten zu erkennen. Interessant sind auch die Beweggründe für einen Meinungsumschwung. Viele unserer Entscheidungen werden ohne fundierte Basis getroffen und sind daher nicht sehr widerstandsfähig gegen fremde Meinungen und Positionen. So drohen wir unsere Entscheidungen immer wieder umzustoßen und gegen andere einzutauschen, ohne jedoch je sicher sein zu können, ob nicht eine bereits verworfene vielleicht doch die richtige gewesen wäre. Im Management führt das zum Schlingerkurs und selten zu guten Ergebnissen.

Wenn Sie die Situation jedoch logisch analysieren, dürften Sie zu folgendem Schluss kommen: Mit einem Wechsel der Tür haben Sie zwar Ihre Chancen erhöht, aber in der kurzen Spielfolge trotzdem mehr Niederlagen erlitten. Wenn Sie das Spiel hingegen hundertmal machen würden, so sagt die Wahrscheinlichkeit, hätten Sie in durchschnittlich 67 Spielen Erfolg mit der Strategie des Wechselns. Daher ist es konsequent, diese Strategie auch durchgehend beizubehalten. Sie finden diese Haltung wiedergegeben durch die Entscheidungskette:

b-a-b-b-b-c-b-b-b

Vergleichen Sie diese mit Ihrer Auswahl und Sie erkennen die entscheidenden Abweichungen. Bei der idealen Handlungskette wurde gleich zu Beginn eine begründete Entscheidung getroffen, von der im weiteren Verlauf nicht wieder abgewichen wurde. Voraussetzung für dieses entschlossene und überzeugte Vorgehen ist natürlich ein klares Erfassen der Situation. Dieses setzt eine exakte Analyse der Ausgangssituation voraus. Der strategischen Planung folgt die zielgerichtete Umsetzung, nämlich konsequent jedes Mal von der 2/3-Wahrscheinlichkeit zu profitieren. Eine überwiegende Anzahl von (a)-Antworten deutet darauf hin, dass Sie sich weniger analytisch mit strategischen Problemen auseinandersetzen, Ihre Argumente hingegen eher aus der Wahrnehmung beziehen.

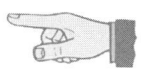

Tipp Wer sich zu Beginn gründlich Gedanken macht und die Situation logisch analysiert, weiß, welche Haltung und Position er vertreten wird. Und er weiß auch warum. Kleinere Misserfolge und Rückschläge kann er wegstecken, Kritik an seinen Entscheidungen verkraftet er ohne Schaden zu nehmen. Denn er hat eine Strategie, von der er überzeugt ist, von der er weiß, dass sie ihn zum Erfolg führen wird. Daran wird er auch festhalten, selbst wenn die ersten Ergebnisse gegen ihn sprechen.

Mit der folgenden Übung können Sie Ihr strategisches Denken trainieren.

Übung 55: Vor verschlossener Tür

Nehmen wir an Sie haben eine Größe von 1,80 m. Sie stehen vor Ihrem Haus. Im Erdgeschoss sind alle Fenster und Türen geschlossen. Aber im 1. Stock steht die Balkontüre glücklicherweise offen. Als Hilfsmittel zur Verfügung stehen Ihnen ein 10 Meter langes Seil, welches aber leider nicht Ihr Gewicht trägt, und eine Leiter, die einen Meter unterhalb des Balkonbodens endet. Entwickeln Sie eine Strategie, wie Sie in das Haus gelangen.

Ihre Strategie: _____

_____

Lösungsvorschläge finden Sie im Anhang.

Erst planen oder gleich handeln?

Häufig gibt es aber auch gute Gründe, Dinge direkt anzupacken statt sich lange mit ihrer Planung aufzuhalten. Insbesondere kleine, überschaubare Vorhaben sind schneller gemacht als geplant. Bis der Planer auch nur die Bestandsaufnahme abgeschlossen hat, ist das Problem vom Macher schon aus der Welt geschafft.

Beispiel

Sie entdecken ein Sonderangebot und überlegen, ob Sie zuschlagen sollen oder vielleicht doch lieber erst noch woanders Vergleichspreise einholen. Etwas anderes kommt dazwischen, später fällt Ihnen das Angebot wieder in die Hände. Sie diskutieren es intern, fassen schließlich einen Beschluss und – der Artikel ist vergriffen!

Ein weiteres Argument ist, dass eine Planung unter Umständen viel Zeit in Anspruch nimmt. Noch in der Planungsphase tauchen neue Fragen und Probleme auf. Die Einflussgrößen ändern sich fortlaufend, es fällt schwer, den Zeitpunkt für den Abschluss der Planung und damit für eine klare Entscheidung zu bestimmen. Besser also zügig entscheiden, direkt handeln und später nachkorrigieren.

Andererseits sollten wir nicht zu schnell entscheiden, sondern uns erst einen genauen Überblick verschaffen und uns Zeit zum Prüfen des Materials nehmen. Dadurch gelingt es uns besser, mögliche Entwicklungen abzuschätzen und darauf abgestimmt erfolgreich zu handeln.

Beispiel

Denken Sie an die Übung 18. Hier galt es zuerst, die Wichtigkeit und Relevanz der Einflussfaktoren zu erkennen, um sie schließlich in der Nutzwertanalyse richtig zu gewichten.

Planen und Handeln sind also keine konkurrierenden Gegensätze, von denen wir je nach persönlicher Veranlagung den einen oder anderen wählen. Vielmehr haben sie beide ihre Vorzüge und ihre Schwächen.

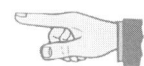

Tipp Verzichten Sie bei umfangreicheren, wichtigen Aufgaben nicht auf die Planung. Bei kleineren Aufgaben werden Sie besser gleich aktiv. Stimmen Sie stets die Bedeutung eines Vorhabens und die darauf verwendete Energie aufeinander ab. Nehmen Sie sich also mehr Zeit für Wichtiges und streichen Sie Unwichtiges. Handeln Sie konsequent und achten Sie darauf, dass Sie beim Kernproblem bleiben. Vereinbaren Sie mit sich selbst eine Erfolgsmessung durch zuvor (schriftlich) definierte Kriterien.

Übung 56: Planungseffizienz verbessern

Schreiben Sie hier ganz spontan drei bis fünf Arbeiten oder Tätigkeiten auf, die Sie in Ihrem (Arbeits-)Alltag erfolgreich ohne Planung erledigen.

_____

_____

Schreiben Sie nun ein oder mehrere abgeschlossene Projekte auf, die Sie mehr schlecht als recht und ohne Planung erledigt haben (z. B. die Organisation eines Festes). Wie würden Sie etwas Ähnliches jetzt planen?

_____

_____

Fällt Ihnen dann noch eine Tätigkeit ein, die Sie immer noch planen, obwohl Sie die Umsetzung inzwischen auch ohne Plan beherrschen? Dann bauen Sie diese Überplanung jetzt ab!

_____

_____

Setzen Sie Ihre Pläne um!

Wenn Sie sich für das Planen entschieden haben – irgendwann muss auch Ihr Plan *gemacht* werden. Also werden wir konkret: Wann *erstellen* Sie z. B. Ihren Gymnastikplan, Ihren Projektplan, Ihren Wochenplan, Ihre Jahresplanung? Wann planen Sie Ihren Urlaub, die Fortbildung, die Sie schon lange machen wollten oder den Ausstieg aus dem Beruf? Anders gefragt: Wann planen Sie die Maßnahmen, die Ihnen zur Erreichung Ihres Ziels oder Ihrer Ziele nützen?

Sie haben zwei Möglichkeiten: Aufschieben oder Handeln. Wenn Ihr Ziel Ihnen wichtig ist, werden Sie handeln, und zwar jetzt. Denn alles andere wäre ja aufgeschoben. Und aufschieben tun wir ja nur das, was wir vermeiden wollen. Unsere Ziele aber können wir nicht vermeiden wollen, denn Ziele sind etwas, das wir anstreben.

Sie nehmen also Ihren Block und einen Stift und beginnen aufzuschreiben, was Sie konkret wann tun werden – verbindlich. Setzen Sie sich Termine und tragen Sie sie in Ihrem Kalender ein. Schreiben Sie auch die notwendigen Zwischenschritte auf. Sonst passiert wieder nichts und alles bleibt beim Alten.

Veränderungen akzeptieren

Handeln ist immer mit Veränderung verbunden. Diesem Veränderungsprozess sind jedoch starke Kräfte entgegen gerichtet. Das ist wichtig zu wissen, um sich keine unrealistischen Erwartungen von der Machbarkeit und Umsetzbarkeit zu machen. Das betrifft sowohl die Veränderungen in und an uns selbst, wie auch der äußeren Umstände. Der größte Feind der Veränderung ist die Trägheit. Selbst wenn die aktuellen Bedingungen alles andere als optimal sind, wird eine Veränderung grundsätzlich abgelehnt, aus Angst vor einer möglichen Verschlechterung des Status quo oder aus Angst vor dem Unbekannten. Strukturelle Veränderungen sind zudem häufig mit einer Änderung der bisherigen Machtverhältnisse verbunden, so dass hierbei mit Widerstand von mindestens einer Seite zu rechnen ist. Aber der vertraute Zustand bietet nur scheinbar Sicherheit!

Beispiel

> Die geplante Einführung der neuen Software stößt in der Belegschaft auf harten Widerstand. Zum einen sträuben sich viele Mitarbeiter, sich in das unbekannte System einzuarbeiten. Andere befürchten, durch die damit verbundenen Rationalisierungen ihren Job zu verlieren. In der Diskussion tauchen immer wieder neue Gerüchte auf, die für zusätzliche Unsicherheit sorgen. Eine frühzeitige Aufklärung über Sinn und Zweck der Software und die damit verbundenen Unternehmensziele, aber auch eine Einbeziehung der Arbeitnehmervertreter kann hier gute Voraussetzungen für einen erfolgreichen Systemwechsel schaffen.

Veränderungen sind nur möglich, wenn deren Notwendigkeit und das angestrebte Ziel akzeptiert werden. Aber auch dann sind Veränderungen nicht mit einem Hieb, sondern oft nur mit viel Geduld und einer Strategie der kleinen Schritte durchzusetzen.

Tipp Viele kleine Schritte befriedigen das Kontrollbedürfnis der Beteiligten und werden leichter akzeptiert als ein großer.

Übung 57: Projektplanung in kleinen Schritten

Stellen Sie sich vor, Sie sind beauftragt, die Vorplanung für ein Projekt durchzuführen. Natürlich haben Sie die erforderlichen Schritte sofort parat. Aber was ist wann zu erledigen, was hängt voneinander ab? Bringen Sie die folgenden Bearbeitungsschritte in die richtige Reihenfolge (Auflösung im Anhang).

	Schritt
A) Rücksprache mit Projektleiter	
B) Diskussion in den Gremien	
C) Analyse des Materials	
D) Überarbeitung des Entwurfs	
E) Recherchen zum Thema	
F) Ausarbeitung des Materials	
G) Präsentation der Ausarbeitung	
H) Briefingtermin mit Auftraggeber	
I) Ergänzung durch neuen Input	

Wie Sie erfolgreich delegieren

Nicht alles, was Sie planen, müssen Sie notwendigerweise auch selbst erledigen. Kaum jemand etwa kommt auf die Idee, seine Schuhe selbst zu reparieren, wenn die Sohle kaputt ist – man bringt sie einfach dem Schuster. Andere Dinge wollen wir jedoch möglichst lange selbst erledigen (können), zum Beispiel Zähneputzen. Bei bestimmten Aufgaben haben wir vielleicht noch nie darüber nachgedacht, dass man sie auch abgeben könnte.

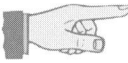

Tipp Delegieren können Sie nicht, ohne „einen Plan zu haben", was der andere für Sie tun soll.

Gerade wer Karriere machen möchte, muss lernen richtig zu delegieren. Nicht nur, weil Sie dann irgendwann Mitarbeiter zu führen haben, sondern weil Sie nur so weiterkommen: Sie schaffen sich wertvollen Freiraum für die wirklich wichtigen Aufgaben. Wichtig daher zu wissen, welche Fehler Sie beim Delegieren vermeiden sollten.

Häufige Fehler beim Delegieren
- Sie trauen Ihren Mitarbeitern zu wenig zu. Die Folge: Sie machen zu viel selbst, kontrollieren zu stark und sind dadurch überlastet. Ihre Mitarbeiter sind umgekehrt zu wenig gefordert und frustriert.
- Sie glauben, die Arbeit selbst viel schneller erledigen zu können. Die Folge: Sie blockieren Ihre Zeit mit Unwichtigem und haben zu wenig Zeit für Ihre Kernaufgaben.
- Sie schieben hauptsächlich die unangenehmen Aufgaben auf Ihre Mitarbeiter ab. Die Folge: Diese fühlen sich entweder nicht zuständig und/oder haben keinen Spaß an der Arbeit. Sie selbst geben dadurch eventuell wichtige Aufgaben und Entscheidungen aus der Hand.
- Sie delegieren zwar viel, versäumen es aber, entsprechend häufig Feedback einzuholen. Die Folge: Sie bleiben nicht an der Entwicklung dran und verlieren den Überblick, den Sie für Ihre Führungsaufgabe aber brauchen.
- Sie delegieren zentrale Aufgaben, für die Sie allein kompetent sind. Folge: Sie verlieren Einfluss und geben ehrgeizigen Mitarbeitern die Chance, dies auszunutzen und an Ihrem Stuhl zu sägen. Oder Sie handeln sich schlechte Ergebnisse ein.

● Sie delegieren nicht stringent genug. Die Folge: Mitarbeiter nutzen Ihre Durchsetzungsschwäche aus und weigern sich, bestimmte Aufgaben zu übernehmen. Sie bleiben auf Ihrer Arbeit sitzen und erledigen noch dazu Aufgaben Ihrer Mitarbeiter.

Übung 58: Erfolgreich delegieren

Ergänzen Sie sinngemäß die fehlenden Begriffe:
Wenn Sie viel delegieren müssen, sollten Sie

– das richtige _____ an Delegation finden,

– Ihre _____ selbst erledigen,

– die _____ Mitarbeiter mit den anstehenden Aufgaben betrauen und Vertrauen aufbauen,

– sie bei der Umsetzung _____ ,

– _____ Foren zum Austausch einrichten

– die Ergebnisse _____ ,

– _____ Arbeit Ihrer Mitarbeiter übernehmen,

– und Ihre _____ ausbauen.

Die Auflösung finden Sie im Anhang.

Lektion 7:
Konflikte angehen statt umgehen

Manchmal wissen Sie schon: Egal, was Sie tun –
Sie werden jemandem auf den Schlips treten. Oder Sie haben
ein Vorhaben, das Sie gegen starke Gegner durchsetzen
müssen. Wer solchen Konflikten von vornherein
aus dem Weg geht, wird nicht vorwärts kommen.
Daher lernen Sie nun, wie Sie mit inneren und äußeren
Konflikten konstruktiv umgehen.

Bei der Umsetzung unserer Vorhaben teilen wir den Raum mit vielen anderen, die ebenfalls ihre Ziele verfolgen. Klar, dass es dabei immer wieder zu Konflikten kommt. Dass man so manches Mal abwägt, ob es die Sache wert ist, seine Interessen auf Kosten der allgemeinen Harmonie durchzusetzen, ist nicht verkehrt. Aber wenn wir vor Handlungen nur deshalb zurückschrecken, weil sie eine Konfrontation nach sich ziehen könnten, verbauen wir uns wichtige Chancen. Und: Nicht jedes Problem lässt sich mit einem Rückzug im Vorfeld lösen. Länger schwelende Konflikte schaffen Sie eigentlich nur aus dem Weg, wenn Sie die Sache angehen anstatt sie auszusitzen. Daneben gibt es auch Konflikte, die ganz unabhängig von anderen scheinen – und mit diesem inneren Widerstreit wollen wir unsere Lektion beginnen.

Innere Konflikte überwinden

Sie kennen das: Ihr Verstand sagt Ihnen „rechts", Ihr Gefühl aber „links". Sie können sich nicht entscheiden – und fahren geradeaus oder bremsen. Tatsächlich bringen Verstand und Gefühl oft gegensätzliche Argumente vor. So geraten wir immer wieder in innere Konflikte.

Beispiel

> Herr Kramer überlegt: Eigentlich sollte er sparsam sein und sein Geld zusammenhalten, hat er doch gerade erst einen Bausparvertrag abgeschlossen, um sich in ein paar Jahren eine Immobilie anzuschaffen. Aber der Winterurlaub in den sonnigen Süden erscheint zu verlockend. Er überlegt hin und her und findet genügend rationale Gründe für den Kurztrip: Hinterher werde ich umso motivierter und leistungsfähiger arbeiten und entsprechend mehr verdienen, denkt er sich. Und erhole ich mich nicht, werde ich leichter krank. Auch meine Bekannten gönnen sich schließlich einen Urlaub. Und ich umgehe noch dazu den heimischen Weihnachtsstress, usw. Doch sein schlechtes Gewissen wegen der unnötigen Ausgabe, das spürt Herr Kramer, bleibt. Und könnte am Ende den Erholungseffekt schmälern, weil er dann seinen Urlaub nicht unbeschwert genießen kann. Soll er also lieber auf die Reise verzichten? Dann würde ihn wiederum die Sehnsucht nach Sonne und Meer plagen, er würde sich Vorwürfe machen, unflexibel und lustfeindlich zu sein. Soll er denn für die paar Wände auf alles verzichten, was ihm Freude macht? Man lebt schließlich nur einmal, und dieses Leben soll nicht erst im Rentenalter beginnen!

Bei Konflikten dieser Art sollten wir unsere Ansprüche prüfen und Prioritäten bilden. Schließlich können wir nicht alles zur gleichen Zeit realisieren. Es kommt also darauf an, sich auch hier wieder auf das Wesentliche zu konzentrieren – dann fällt es leichter, Abstriche zu machen.

Was tun bei Gewissenskonflikten?

Neben den Konflikten zwischen Wunsch und Machbarkeit haben wir es im Berufsleben häufig auch mit Gewissenskonflikten zu tun, bei denen wir uns widerstreitenden Interessen verpflichtet fühlen. Dazu eine Übung.

Übung 59: Zwischen zwei Stühlen

Stellen Sie sich vor, Sie sind Bankangestellte/r und für die Vergabe von Krediten zuständig. Eines Tages legt Ihnen eine alte Schulfreundin in einem Kundengespräch dar, dass sie zur Rettung ihrer Firma ganz schnell einen hohen Kredit braucht. Andernfalls wird sie in naher Zukunft Konkurs anmelden müssen. Sie prüfen die Sache und stellen fest: Die Investition ist tatsächlich notwendig und beinhaltet sogar einiges Wachstumspotenzial, aber auch deutliche Risiken. Nun

sind Sie einerseits den Sicherheitsinteressen Ihrer Bank verpflichtet, andererseits möchten Sie auch aus persönlicher Verbundenheit Ihrer Freundin helfen. Zudem liegt es auch im langfristigen Interesse der Bank, die Wirtschaftskraft ihrer Kunden zu erhalten und den Wirtschaftsstandort zu stärken. Andererseits fürchten Sie, angesichts der dringlichen Entscheidung und da Sie der Kundin persönlich nahe stehen, Ihre objektive Sichtweise zu verlieren. Was werden Sie tun?

Kreuzen Sie eine Vorgehensweise an. Lesen Sie dann erst die Auswertung.

a)   Ich wende mich an meinen Vorgesetzen und gebe die Entscheidung an ihn weiter.

b)   Ich diskutiere den Fall im Kreise meiner Kollegen.

c)   Ich behandele den Fall äußerst diskret und setze niemanden in Kenntnis.

d)   Ich sage meiner Freundin spontan den Kredit zu.

e)   Ich erstelle eine Liste mit Pro und Kontra.

f)   Ich frage meinen Rechtsanwalt.

g)   Ich sage meiner Freundin, dass wir leider nicht die richtige Bank für ihr Vorhaben sind, um den Konflikt loszuwerden.

Auswertung

Vermengen sich mehrere Interessen, sollten Sie den objektiven Sachverhalt herausarbeiten und von den Emotionen zu trennen. Gewinnen Sie Abstand zur Entscheidungssituation, bekommen Sie einen besseren Überblick, erkennen Ihre Handlungsmöglichkeiten und können klare Entscheidungen treffen. Zudem hilft es, wenn Sie Ihre Informationsbasis verbreitern. Am ehesten wird dies durch die Antworten b) und e) ausgedrückt.

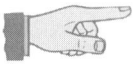

Tipp Treffen Sie Ihre Entscheidungen möglichst rational, prüfen Sie dann aber auch, ob Ihr Bauch und Ihr Gewissen damit leben können. Stellt sich ein ungutes Gefühl ein, sollten Sie die Entscheidung besser noch einmal überdenken. Verlassen Sie sich dabei auf Ihre Menschenkenntnis, aber auch auf Ihre innere Stimme.

Konflikte mit der Zeit

Ein häufiger Konfliktpunkt im Berufsleben ist der Zeitfaktor. Termine einzuhalten gestaltet sich besonders dann schwierig, wenn wir zwar zuständig sind, aber nur begrenzten Einfluss auf die aktuelle Entwicklung nehmen können. Hier gilt es, durch gute planerische Vorleistung einen möglichst sicheren Projektverlauf zu erreichen. Der Wert von Planungen und Zeitmanagement wurde an anderer Stelle bereits beschrieben. Doch was kann man tun, wenn alle Planung nicht mehr haltbar ist?

Übung 60: Termin in Gefahr

Sie sind Bauleiter auf einer Großbaustelle. Trotz all Ihrer Bemühungen droht das Projekt immer weiter über den anvisierten und vertraglich zugesagten Fertigstellungstermin zu rücken. Sie haben durch Optimierung der Ablaufplanung und durch Ausnutzung der Pufferzeiten bereits einiges ausgleichen können. Aber die Endabnahme ist ernsthaft in Gefahr. Sie sind extrem unter Druck und reagieren wie? Wählen Sie geeignete Antworten oder machen Sie selbst einen Vorschlag.

a) Sie hoffen, dass im weiteren Ablauf vielleicht noch Zeit gut gemacht werden kann.

b) Sie wenden sich an Ihren Chef mit der Bitte um weitere Unterstützung.

c) Sie motivieren Ihre Mitarbeiter zur Mehrarbeit, geben aber auch den Druck weiter, wenn Sie sehen, es geschieht zu wenig.

d) Sie sprechen mit den Dienstleistern, die verzögern, und mahnen sie an, ihre Termine besser zu halten.

e) Sie stellen einen neuen Plan auf.

f) Sie signalisieren dem Bauherren, dass der Abnahmetermin voraussichtlich nicht einzuhalten sein wird.

g) Sie melden sich krank. Bald darauf kündigen Sie und suchen sich eine Stelle, die Ihnen nicht permanent Unmögliches abverlangt.

h) _____

Auswertung

In einer solchen Situation reicht es nicht, sich für einen Weg zu entscheiden. Vielmehr sollten alle Hebel zugleich in Bewegung gesetzt werden, um eine möglichst große Wirkung zu erzielen. Das bedeutet Krisengipfel mit dem Chef und den Kollegen, Motivationsanreize für die Mitarbeiter, selbst mit gutem Beispiel vorangehen und Mehrleistung erbringen, Suche nach Optimierungsmöglichkeiten im Plan und Druck auf die Verursacher. Je nach Situation (Wie realistisch ist der Termin? Wie viel hängt von dem Auftrag ab? Wie gut ist Ihr Verhältnis zum Kunden? Wie schätzen andere Beteiligte den Zeitplan ein?) sollten Sie auch beim Auftraggeber die Karten auf den Tisch legen, um ihn nicht irgendwann mit einer Verschiebung des Termins überraschen zu müssen. Daher sollten Sie die Antworten b) bis f) in Erwägung gezogen haben. Antwort a) und g) bedeuten, dass Sie vor dem akuten Problem die Augen verschließen – was selbstverständlich nicht zu einer Lösung führt.

Gut mit Kritik umgehen

Konflikte entstehen oft dann, wenn Kritik an einer Maßnahme oder einer Entscheidung auf unsachliche Weise und mit wenig Verständnis für die Position des Empfängers vorgetragen wird. Manchmal bekommt der Empfänger auch eine sachliche Kritik in den falschen Hals, reagiert emotional und versteift sich auf seine Lösung. Dann verhärten sich leicht die Fronten. Bei empfindlichen Menschen genügt auch oft nur die Äußerung einer kleinen Unzufriedenheit, damit sie sich völlig abgelehnt fühlen. Auch dann sind emotionale Reaktionen zu erwarten, ohne dass sie sich der Kritik öffnen. Eskalieren solche Konflikt, geht es bald nicht mehr um das Problem selbst, sondern nur noch um persönliche Animositäten. Und dass so eine Entwicklung ein konstruktives Arbeitsklima beeinträchtigt, liegt auf der Hand.

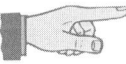

Tipp Gestehen Sie anderen Menschen zu, dass sie Ihr Verhalten kritisch reflektieren. Versuchen Sie, so viel wie möglich daraus zu lernen. Versuchen Sie außerdem immer zu trennen: Gilt die Kritik Ihrer Person oder nur Ihrer Vorgehensweise? Wenn Sie die sachlichen und emotionalen Botschaften trennen, werden Sie viel leichter Kritik annehmen können, ohne gleich in eine Verteidigungsposition zu geraten. Weisen Sie Kritik nur dann zurück, wenn sie auf falschen Annahmen gründet oder in verletzender Weise vorgetragen wird.

Dazu können Sie nun gleich eine Übung machen.

Übung 61: Kritik annehmen

Ihr Chef lehnt Ihre Ausarbeitung der Messekonzeption nach kurzem Überfliegen als völlig ungeeignet ab. Ihre Arbeit hat Sie viel Mühe und Zeit gekostet. Ärger steigt in Ihnen hoch über das pauschale Urteil, Sie fühlen sich abgelehnt. Wie reagieren Sie? Kreuzen Sie die Antworten an, die Ihnen entsprechen!

1. Ich knalle meinem Chef die Ausarbeitung auf den Tisch und verlasse wütend den Raum.
2. Ich unterdrücke den Groll und frage zurück, ob er denn eine bessere Idee hat.
3. Ich kritisiere die Ausarbeitung eines Kollegen, um meine abgelehnte Arbeit aufzuwerten.
4. Ich bin frustriert in einer Firma zu arbeiten, in der so verschwenderisch mit Zeitressourcen umgegangen wird.
5. Ich gehe zu einem Kollegen und beschwere mich bei ihm über unseren Chef.
6. Ich sage dem Chef ganz offen, dass ich seine Entscheidung gegen das Konzept für inkompetent halte.
7. So etwas lasse ich mir nicht bieten. Am nächsten Tag liegt meine Kündigung beim Chef.
8. Ich biete an, ein weiteres Konzept auszuarbeiten.
9. Ich frage nach, in welchen Punkten genau das Konzept nicht seinen Vorstellungen entspricht.
10. Ich weise darauf hin, dass er das Projekt ohnehin viel zu spät angeschoben hat.

Eine Auswertung Ihrer Antwort finden Sie im Lösungsteil.

Gute Kritik argumentiert nüchtern und unemotional auf der Sachebene, um für den Empfänger annehmbar zu sein. Wenn Ihr Gegenüber bei der Formulierung seiner Kritik ungeschickt vorgeht, so werten Sie das nicht als persönlichen Angriff. Führen Sie die Diskussion möglichst rational auf die Sachfragen zurück. Zeigen Sie Interesse für die Meinung Ihres Gesprächspartners. Dadurch merkt der andere, dass er übermäßig reagiert hat, und wird sich im Gegenzug für Ihre Position öffnen. Anstatt direkter Vorwürfe senden Sie Ich-Botschaften, die Ihre Position aufzeigen: „Ich habe den Eindruck, Sie haben sich nicht richtig mit dem Inhalt auseinander gesetzt."

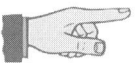

Tipp Vermeiden Sie es möglichst, im erregten Zustand auf Kritik zu reagieren. Warten Sie lieber, bis die heftigen Gefühle abgeklungen sind. Sie denken dann nicht nur klarer, Ihre Reaktionen werden auch angemessener und damit für Ihr Gegenüber annehmbarer sein.

Konflikte beim Führen

Kommen wir zu einem inneren Konflikt, der nicht wenige betrifft. Vielleicht stehen auch Sie irgendwann vor der Wahl, ihre gewohnte fachliche Tätigkeit gegen eine Führungsaufgabe einzutauschen. Dieser Schritt beinhaltet in der Tat erhebliches Konfliktpotenzial:

Fachkompetenz kontra Führungskompetenz

Zum einen ist nicht jeder automatisch für Führungsaufgaben geeignet, nur weil er sich im Rahmen seiner erfolgreichen fachlichen Leistung für eine Beförderung qualifiziert hat. Und tatsächlich möchten viele Menschen ihren gewohnten und beherrschten Bereich gar nicht aufgeben. Andererseits besteht häufig auch ein Erfolgsdruck seitens der Umwelt, sich vor der neuen Herausforderung nicht zu drücken und die damit verbundene Wertschätzung anzunehmen. Im Ergebnis kann sich das als mutiger Schritt in die richtige Richtung erweisen, aber es kann auch zu einer erheblichen Sinnkrise im Leben des Betroffenen führen. Hohe Erwartungen und Prestigegewinn stehen dann der Entfremdung von der eigentlichen „Berufung" entgegen.

Beispiel

Hubert W. hat in seiner früheren Position als Entwickler Höchstleistungen erbracht. Nun ist er seit kurzem Abteilungsleiter und hat ganz andere Aufgaben: Er muss 12 Mitarbeiter führen, ist für ein großes Budget verantwortlich, soll in der Abteilung für mehr Effizienz sorgen, Kennzahlen erreichen und regelmäßig der Geschäftsleitung Bericht erstatten. Allmählich merkt er, wie ihm seine Aufgaben über den Kopf wachsen. Oft muss er aufgrund der Wirtschaftlichkeit Entscheidungen treffen, die er als Programmierer so nie gefällt hätte. Seine Führung wird bald als zu schwach moniert, weil er sein Team sehr viel weicher führt als andere Abteilungsleiter.

Irgendwann wird der Unternehmensführung klar: So gut Hubert W. als Programmierer war, so ungeeignet ist er für diese Position. Das spürt auch Hubert. Schließlich sieht er ein: Er selbst muss entscheiden, welche Ziele ihm wichtiger sind. Und so wechselt er schließlich in ein anderes Unternehmen, wo er wieder in seinem Fachgebiet arbeitet – und der Erfolg dort gibt ihm Recht, die richtige Entscheidung getroffen zu haben.

Können und wollen Sie führen?

Wissen Sie, wie bereit Sie für Führungsaufgaben sind? Machen Sie den folgenden Test.

Test: Zur Führung berufen?

	ja	nein
Sind Sie voller Tatendrang?		
Stehen Sie gerne im Mittelpunkt?		
Suchen Sie die Herausforderung?		
Messen Sie sich gerne mit anderen?		
Geben Sie im Sport Ihr Letztes?		
Ärgert es Sie, wenn andere besser sind?		
Haben Statussymbole für Sie eine große Bedeutung?		
Können Sie Ihre Aufgaben schlecht aus der Hand geben?		
Üben Sie gerne Einfluss auf andere aus?		

Je öfter Sie mit „Ja" geantwortet haben, desto eher eignen Sie sich von Ihrem Naturell her für Führungsaufgaben. Bei Ihren Fachaufgaben, z. B. in der Technik, der Verwaltung oder im Controlling bleiben sollten Sie allerdings, wenn Sie mehr den folgenden Aussagen zustimmen:

	ja	nein
Detaillösungen faszinieren mich.		
Ich brauche viel Abwechslung und Inspiration.		
Das künstlerische Element ist für mich besonders wichtig.		
Ich möchte alles in Sicherheit wissen.		
Mein Leben dreht sich um Familie, Heimat und Natur.		
Morgen ist auch noch ein Tag.		
In regelmäßigen Arbeitsabläufen fühle ich mich wohl.		
Ich möchte keine Auseinandersetzungen.		
Ich brauche viel Freiraum für Fantasie.		
Verantwortung kann nur jeder für sich selbst übernehmen.		
Ich fühle mich nicht berufen, Vorträge zu halten.		
Ich fühle mich umso freier, je mehr ich auf Dinge verzichten kann.		

Prüfen Sie bei der Frage der Führungsverantwortung also ganz besonders, inwieweit sich Führungsaufgaben und Personalverantwortung mit Ihren persönlichen Zielen vereinbaren lassen.

Meinungen teilen und vertreten

Sind Sie nun aber tatsächlich Führungskraft, befinden Sie sich oft genug zwischen den Stühlen. Sie erhalten Richtlinien und Anweisungen von oben und müssen diese an Ihre Mitarbeiter weitergeben. Nun sind nicht alle Vorgaben der Geschäftsleitung so, dass Sie sich damit identifizieren können. Damit befinden Sie sich im Zwiespalt. Sie haben die Verantwortung für Ihren Arbeitsbereich und möchten die Mitarbeiter motiviert anleiten. Andererseits sind Sie der Geschäftsführung verpflichtet, können jedoch innerlich nicht alles unterstützen, was Ihnen von oben vorgegeben wird.

Übung 62: Loyal nach allen Seiten?

Die Geschäftsleitung hat Umstrukturierungsmaßnahmen beschlossen, von denen auch Ihre Abteilung betroffen sein wird. Manches ist noch unklar, anderes bereits beschlossen. Wie gehen Sie mit einer solchen Situation um?

1. Ich überwinde mich und propagiere die Vorgaben der Geschäftsleitung, als wären es meine eigenen, um die Mitarbeiter nicht zu verunsichern.
2. Ich stelle mich vor meine Mitarbeiter und bilde einen Solidarblock gegen die Führungsetage.
3. In einer solchen Situation ist sich jeder selbst der nächste. Ich schaue mich nebenbei unauffällig nach einer anderen Stelle um.
4. Ich sage den Mitarbeitern erst einmal gar nichts, um keinen Unmut aufkommen zu lassen.
5. Ich rechne mit Entlassungen und überlege, was ich zur Sicherung meiner eigenen Position unternehmen kann.
6. Ich erkundige mich in der Belegschaft vorsichtig nach der Stimmungslage.
7. Ich sage den Mitarbeitern, wie der Hase läuft. Dieses ist beschlossen, und jenes können wir noch selbst beeinflussen.
8. Ich versetze mich in die Position der Mitarbeiter und übernehme deren Befindlichkeit.
9. Koordiniert mit anderen Abteilungen sammle ich Vorschläge zur Verbesserung der Situation und zur Abwehr möglichen Schadens.
10. Innerhalb der Abteilung beschließen wir einen inneren Boykott und machen nur noch Dienst nach Vorschrift.

Hinweise zu Ihren Antworten lesen Sie im Anhang.

Interessenskonflikte lösen

Diskussionsrunden sagt man nach, dass daran mindestens so viele Meinungen wie Personen beteiligt sind. Das ist zwar etwas übertrieben, aber tatsächlich verfolgt jeder Mensch meistens mehrere Interessen zugleich.

Beispiel

> Herr Kummer möchte ein Auto kaufen. Es soll mit vielen komfortablen Extras ausgestattet sein, dabei aber seinen Geldbeutel schonen und sofort in der richtigen Farbe verfügbar sein. Weitere Wünsche sind: ein sparsamer Motor mit viel Leistung und ein großzügiges Platzangebot bei übersichtlichen Maßen.

Wenn also ein einzelner Mensch schon mehrere Interessen verfolgt, ist es klar, dass mehrere Menschen entsprechend viele Interessen haben, die sie mit anderen teilen – oder eben nicht. Daher widmen wir uns nun dem wichtigen Problem der Interessenskonflikte.

Verschaffen Sie sich Klarheit

Wenn wir uns einem Konflikt gegenüber sehen, ist es meist sinnvoll, die Entscheidung für „Flucht" oder „Angriff" nicht gleich mit einer spontanen Reaktion vorweg zu nehmen. Geben Sie nicht gleich nach, halten Sie aber auch nicht sofort dagegen. Lieber überdenken Sie die Situation zunächst kritisch. Dabei helfen folgende Fragen:

- Wie real ist der Konflikt? Nur weil Sie Ihr Nachbar einmal nicht grüßt, muss noch kein Konflikt vorliegen. Allerdings ist dies eine typische Situation, in der sich aus nichts (der Nachbar war einfach nur in Gedanken) ein handfester Konflikt entwickeln kann, wenn wir gleich eingeschnappt und feindselig darauf reagieren. Es ist also sinnvoll, vorerst von keinem Konflikt auszugehen und weiterhin freundlich zu grüßen. Wenn der Nachbar seine Erwiderung des Grußes weiterhin verweigert, erkundigen Sie sich möglichst sachlich, ob und welche Probleme es gibt. Trennen Sie dazu die Sachebene von der Personenebene. Nicht Sie als Person sind angegriffen, sondern Ihr Verhalten wird vom Nachbarn offensichtlich abgelehnt. Ihre Aufgabe ist dabei, die Sachlage zu klären und sich um Lösungen zu bemühen.
- Welchen Anteil habe ich? Habe ich vielleicht ablehnend, misstrauisch, desinteressiert oder verletzend auf Bemühungen der Gegenseite reagiert? Erkundigen Sie sich bei der Gegenseite, worin der Konflikt genau liegt.
- Wie wichtig ist die ganze Angelegenheit? Es macht einen Unterschied, ob ein Konflikt unsere ganze Existenz bedroht, oder nur einen unwichtigen Aspekt davon berührt. Prüfen Sie also, welche Bereiche betroffen sind: Partnerschaft, Freundschaft, Arbeitszufriedenheit, Karriere, Kollegialität, Finanzen, Gesundheit, Wohlbefinden. Gerade das seelische Wohlbefinden wird von Konflikten meist in Mitleidenschaft gezogen. Daher ist es auch äußerst wichtig, Konflikte zu lösen, statt ihnen auszuweichen oder sie zu verdrängen – sonst fressen sie innerlich an uns.

- Was ist meine Position? Definieren Sie Ihr Anliegen zunächst aus Ihrer Sicht, dann tun Sie dasselbe für die Gegenseite: Welche Ziele verfolgt Ihr Konfliktgegner?

- Wie sind die Machtverhältnisse? Als Vorgesetzter sollten Sie sich nicht auf unnötige Verhandlungen einlassen, sondern Ihre verantwortliche Position durch Anweisungen festigen. Bleiben Sie aber trotzdem offen für wichtige Argumente und zeigen Sie Verständnis für abweichende Meinungen. Begründen Sie Ihre Entscheidungen, das schafft Transparenz und fördert Akzeptanz. Als Untergebener haben Sie es schwerer, sich durchzusetzen. Suchen Sie nach Synergien, also nach Lösungen, von denen Ihr Chef ebenfalls profitiert.

- Welche Argumente stützen meine Position? Suchen Sie nach Fakten, mit denen Sie Ihre Position untermauern können. Tun Sie das auch für die Gegenseite, dann wissen Sie, mit welchen Argumenten Sie zu rechnen haben. Außerdem erleichtert diese Perspektive Ihr Verständnis für die andere Seite und somit ein Entgegenkommen.

- Wie setze ich meine Interessen durch? Wer nur den eigenen Sieg anstrebt, wird nicht wirklich gewinnen. Auch wenn Sie es schaffen sollten, Ihre Interessen durchzusetzen, werden auf der Gegenseite Vorbehalte, Ablehnung und Groll bleiben, die früher oder später auf Sie zurückkommen werden. Wirkliche Siege sind die, bei denen beide gewinnen! Daher sollten Sie ernsthaft nach einer speziell für die Gegenseite annehmbaren Lösung suchen. Seien Sie offen für andere Perspektiven und Meinungen!

- Welche Alternativen bieten sich hinsichtlich der Austragung? Vom Herunterspielen und Ausweichen bis hin zum offenen Kampf gibt es viele Spielarten der Konfliktaustragung. Nur wenige eignen sich dabei aber auch zur Konflikt*lösung*. Streben Sie eine vermittelnde Einstellung an: „Ich bin o. k., du bist o. k. – wir suchen eine Lösung, die für uns beide o. k. ist." Holen Sie die Meinung unbeteiligter Dritter dazu ein. Das hilft Ihnen, einen etwas objektiveren Blickwinkel für die Situation zu gewinnen.

- Wozu bin ich fähig und bereit? Hier gilt es, möglichst mit offenen Karten zu spielen. Bluffen Sie nicht. Wenn Ihr Gegenüber einen Bluff Ihrerseits entlarvt, wird er sich verschaukelt fühlen und sein Misstrauen bestätigt sehen. Sagen Sie deshalb nur das, was Sie auch wirklich meinen und was Sie im Zweifelsfall auch fähig und bereit sind umzusetzen.

171

Konflikte sind Chancen

Weichen Sie Konflikten aus, weil Sie sie als anstrengend und unangenehm empfinden? Versuchen Sie zu akzeptieren, dass Konflikte etwas Normales sind und sich keinesfalls immer vermeiden lassen. Zwar ist es bequemer, sie zu ignorieren oder ihnen auszuweichen. Aber das bringt Sie nicht weiter.

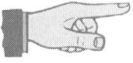

> **Tipp** Konflikte haben durchaus ihre Berechtigung. Sie helfen bei der Selbsterkenntnis und verhindern Stillstand. Neue Prozesse werden in Gang gesetzt, Lösungen gesucht, Weiterentwicklung ermöglicht. Nehmen Sie daher Konflikte als Chancen an und streben Sie nach einer konstruktiven Lösung.

Nehmen Sie also Kontakt mit Ihrem Konfliktpartner auf und suchen nach einem geeigneten Termin, an dem Sie ungestört und unter vier Augen über die Sache reden können. Unter vier Augen deshalb, weil Konflikte vor Publikum problematisch sind, denn dabei versucht jeder in erster Linie, die Zuschauer für sich zu gewinnen. Außerdem fällt es in der Öffentlichkeit schwerer, einen Fehler einzugestehen und auf den anderen zuzugehen. Und schließlich ist die Angst das Gesicht zu verlieren in der Öffentlichkeit größer, was die Positionen entsprechend verhärtet.

Lösungsorientiert vorgehen

Im Gespräch stellen Sie klar, dass es Ihnen um die Klärung der Sachlage geht, und dass eine gegenseitige Verletzung auf der Personenebene im beiderseitigen Interesse zu vermeiden ist. Erkundigen Sie sich nach der Sichtweise Ihres Gegenübers. Vermeiden Sie sämtliche Interpretationen und Vorurteile, nehmen Sie möglichst sachlich auf, wie der Konfliktpartner das Geschehen wahrnimmt und mit welchen Worten er es ausdrückt.

Rekapitulieren Sie die Kernaussagen mit eigenen Worten und erkundigen Sie sich, ob Sie die Position des Gegenübers korrekt wiedergegeben haben. Dann schildern Sie Ihre Sichtweise und erkundigen sich anschließend, inwieweit der Kontrahent sich dieser Perspektive anschließen kann. Arbeiten Sie den Konfliktpunkt und die gegenseitigen Positionen möglichst exakt heraus und versuchen Sie die dahinter stehenden Beweggründe zu verstehen.

Suchen Sie nach einem Punkt zwischen Ihren Positionen, der für beide Parteien relativ leicht erreichbar ist. Zeigen Sie Ihre Kompromissbereitschaft, indem Sie ein Zugeständnis anbieten, das dem anderen wichtig ist. So finden beide Parteien zu einer akzeptablen Lösung, die vielleicht nicht alle Erwartungen erfüllt, aber gegenüber der „Nulllösung" deutliche Gewinne bringt.

Oft lösen sich Konflikte auch als Missverständnis auf. Einer oder beide Beteiligte stellen fest, dass sie einfach von falschen Annahmen und Befürchtungen ausgegangen sind, und können sich auf einen gemeinsamen Standpunkt einigen.

Mit der folgenden Übung sollen Sie Ihre Konfliktfähigkeit trainieren!

Übung 63: Feindselige Konflikte lösen

Stellen Sie sich eine möglichst reale Situation aus Ihrer Arbeitswelt oder aus Ihrem Privatleben vor, in der Sie eine Maßnahme oder Ihre Interessen durchsetzen wollen. Stellen Sie sich vor, wer davon betroffen ist. Was tun Sie, wenn die Gegenseite nicht mitspielt, sondern mit Vorwürfen, Verweigerung, ungerechtfertigten Anschuldigungen oder gar Drohungen reagiert? Nehmen Sie sich ein Blatt Papier und schreiben Sie mindestens drei Wege oder Maßnahmen auf, wie Sie dennoch zu einer einvernehmlichen Lösung finden können:

Anregungen finden Sie im Anhang.

> **Tipp** Ein ausgeprägtes Harmoniebedürfnis sollte nicht dazu führen, sich zu unterwerfen oder seine Ziele zu verleugnen.

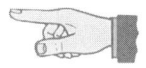

Wenn Sie bei Ablehnung emotional dagegen halten, ist die Eskalation des Konflikts vorprogrammiert. Die Fronten verhärten sich. Das Resultat: vergiftete Atmosphäre, Einbuße an Lebensqualität, oft jahrelanger Rechtsstreit, Lagerbildung im Umfeld der Kontrahenten und zuweilen auch tätliche Übergriffe. Erweisen Sie sich im Zweifelsfall als der Klügere, der nachgibt. Auch wenn der andere dies als persönlichen Sieg bewerten mag und triumphiert – einen Erfolg können Sie in jedem Fall verbuchen: Sie sind frei für andere, wichtige Dinge.

Erfolgreich verhandeln

Das Ziel von Verhandlungen ist, einen beiderseitig akzeptablen Kompromiss zwischen unterschiedlichen Positionen zu finden. Ihr Erfolg beim Verhandeln hängt dabei in großem Maße von Ihrer Einstellung zum Verhandlungspartner ab. Sie können ihn betrachten als:

● Opfer
● Feind
● Gegner
● Übungsfall
● Kontrahenten
● Sparringpartner
● Kollegen von der Konkurrenz
● Partner bei der Kompromisssuche

Die sich daraus ergebenden Unterschiede im Verhandlungsverlauf können Sie sich bestimmt vorstellen.

Beispiel

Der Anbieter sagt sich: „Für dieses schöne Stück will ich 120 Euro erzielen. Also setze ich mein Angebot bei 200 Euro, um genügend Verhandlungsspielraum zu haben." Der Interessent fürchtet, einen zu hohen Preis zu zahlen. Also bietet er vorsichtig 10 Euro, um möglichst niedrig einzusteigen. Der Anbieter empfindet das Gebot als Unverschämtheit. Er selbst hat damals 100 Euro gezahlt und fürchtet einen Verlust. Das niedrige Gebot signalisiert zudem, dass die Ware in den Augen des Bieters nur von geringem Wert ist. Der Anbieter nimmt das persönlich und kommt dem Bieter keinen Euro entgegen. Der Bieter ist frustriert und bietet 11 Euro, um den Anbieter zu ärgern. Die Verhandlung wird ergebnislos abgebrochen.

Hier haben beide Parteien von vornherein eine misstrauisch-feindliche Einstellung gegenüber dem anderen gehegt und entsprechend befürchtet, den Kürzeren zu ziehen. Wer den anderen als Feind sieht, gönnt ihm keinen Sieg. Und sei es auch nur, der andere könnte ein vorteilhaftes Ergebnis als persönlichen Erfolg buchen. Doch Missgunst, Neid, Hass, Unsicherheit, Argwohn, Egoismus, Ignoranz und Misstrauen sind die Feinde einer jeden Verhandlung.

Übung 64: Bessere Verhandlungsergebnisse erzielen
Sehen Sie sich noch mal das obige Beispiel an und versetzen Sie sich in die Lage des Bieters. Wie wäre die Verhandlung verlaufen, wenn Sie sich zuvor Gedanken darüber gemacht hätte, was Ihnen das angebotene Stück tatsächlich wert ist? Mit was würden Sie einsteigen? Einen Lösungsvorschlag finden Sie im Anhang.

Das ideale Verhandlungsklima

Wenn es aber so wie beschrieben nicht funktioniert, dann ist vielleicht das Gegenteil das, was funktioniert. Betrachten wir daher den entgegengesetzten Fall: Ein „ideales" Verhandlungsklima sieht danach so aus, dass beide Parteien an einem guten Ergebnis für den anderen interessiert sind. Daraus ist jeder bemüht, ein Angebot zu machen, das der andere unmöglich annehmen kann, ohne den Anbieter zu übervorteilen. In unserem Beispiel würde das etwa so aussehen:

Beispiel

„Ihnen gefällt die Vase? Wenn Sie sie haben wollen ..." – „Was würde sie denn kosten?" – „Ich weiß nicht, 20 Euro?" – „Da hätte ich das Gefühl, Sie übers Ohr zu hauen. Ich glaube 50 Euro wäre sie mir wert." – „Aber nein, das wäre zu viel. Geben Sie mir 30." – „Ich gebe Ihnen 40, das ist ein fairer Preis." – „Also gut, dann treffen wir uns in der Mitte bei 35."

Natürlich heißt das nun nicht, dass Sie Ihre Produkte den Kunden zukünftig für einen Euro anbieten sollen. Aber das Beispiel zeigt, wie wir für beide Seiten eine gute Atmosphäre für erfolgreiches Verhandeln schaffen können.

> **Tipp** Signalisieren Sie gute Absichten, sorgen Sie für eine freundliche Atmosphäre, halten Sie einen offenen Blickkontakt, zeigen Sie echtes Interesse und Verständnis für die Gegenposition. Ihre Einstellung setzt wichtige Signale.

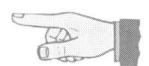

Sehen Sie in Ihrem Verhandlungspartner weder Opfer noch Feind, sondern den Menschen, der mit Ihnen die gemeinsame Aufgabe teilt, eine einvernehmliche Lösung zu finden. Dazu müssen Sie aber mit offenen Karten spielen, und das erfordert Mut. Dazu machen wir nun noch ein abschließende Übung:

Übung 65: Verhalten Sie sich offen?

Bitte beantworten Sie folgende Fragen möglichst ehrlich:

1. Wie reagieren Sie selbst darauf, wenn Ihnen jemand Offenheit entgegenbringt?
2. Vermuten Sie, dass Ihr Gegenüber anders oder schlechter ist als Sie selbst?
3. Was glauben Sie, haben Sie bei einem offenen Verhandlungsstil zu verlieren?
4. Was tun Sie, wenn Ihr Gegenüber sich unzugänglich zeigt und auf keine Kompromisse eingeht?

Vorschläge finden Sie im Anhang.

Lektion 8: Aus Fehlern lernen

Einen Fehler gemacht? Hier bringt Sie weder Lamentieren
noch ein umfassendes Schuldgeständnis weiter.
Gehen Sie lieber konstruktiv an die Sache, damit Sie
es beim nächsten Mal besser machen. Blicken
Sie aber nicht nur auf Defizite, sondern beginnen Sie damit,
Ihre Stärken auszubauen.

Jeder liegt mal daneben mit seinen Entscheidungen. Dann kann man fluchen, klagen oder die Verantwortung auf andere abwälzen. Da sich ein Fehler nachträglich aber nicht mehr ändern lässt, ist es unsinnig, sich weiter darüber zu ärgern. Die Einstellung, dass jeder einmal Fehler macht, mag zwar trösten, doch sollte man dabei nicht stehen bleiben. Um aus seinen Fehlern wirklich lernen zu können, gilt es zunächst einmal festzustellen, wo die Probleme liegen.

Gehen Sie die Sache systematisch an!

Klären Sie mit einer ehrlichen Selbstanalyse, was genau schief gelaufen ist. Darauf aufbauend können Sie Maßnahmen finden, die geeignet sind, das nächste Mal erfolgreicher zu sein. Dieses Vorgehen ist bei der Verbesserung Ihrer Spielstärke im Schach ebenso erfolgreich wie in der Verbesserung der beruflichen Leistungen oder Kommunikation. Das Schema einer systematischen Fehleranalyse können Sie in der nächsten Übung gleich einmal ausprobieren.

Übung 66: Fehler analysieren

Können Sie sich an einen Fehler erinnern, den Sie kürzlich gemacht haben? Diesen sollen Sie jetzt nachträglich analysieren. Notieren Sie Ihre Antworten unter die jeweiligen Fragen:

Lokalisierung: Was genau hat nicht geklappt?	Defizit: Worin liegt die Abweichung vom angestrebten Ziel?
Anteil: Was habe ich dazu getan?	Korrektur: Was hätte ich stattdessen tun können?
Ausmaß: Was sind die Auswirkungen?	Schadensbegrenzung: Wie lassen sich die unerwünschten Folgen mindern?
Ursachen: Was hat meine Fehlentscheidung veranlasst/beeinflusst?	Lerneffekt: Was werde ich konkret tun, um diesen Fehler zukünftig zu vermeiden?

Wenn Sie genauer darüber nachdenken, lässt sich fast jeder Sache noch ein positiver Aspekt abgewinnen: Wenn Sie eine Stelle nicht bekommen, bleibt Ihnen durch diese Entscheidung möglicherweise eine ganze Menge Ärger erspart. Kommen Sie zu spät von der Arbeit und verpassen einen Film, den Sie sehen wollten, haben Sie die Chance, der Passivität des Fernsehens etwas anderes entgegen zu setzen. Selbst eines der schlimmsten Dinge, die uns widerfahren können, nämlich eine tödliche Krankheit, kann uns stark machen. Denken Sie nur an den mehrfachen Sieger der Tour de France, Lance Armstrong. Also verzweifeln Sie nicht, sondern versuchen Sie bei Ungeschick und Unglück auch auf die positiven Seiten zu sehen.

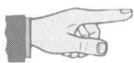

Tipp Wenn einmal etwas schief gelaufen ist: Stehen sie zu Ihrem Fehler. Konzentrieren Sie sich darauf, die Schäden zu begrenzen und aus der Niederlage einen möglichst großen Nutzen zu ziehen. Ein Nutzen ist der Lerneffekt, diesen Fehler zukünftig nicht zu wiederholen, sondern eine bessere Entscheidung zu finden.

Schwächen annehmen

Im Falle einer Fehlentscheidung ist es natürlich bitter, sich dieses „Versagen" eingestehen zu müssen. Aber es führt kein Weg daran vorbei, wenn wir etwas daraus lernen wollen. Durch Verdrängen und Verbergen wird das Problem lediglich unsichtbar, wirkt aber über das Unterbewusstsein weiter – das altbekannte Problem des „Nicht-Anpackens", wenn auch auf psychischer Ebene. Zumindest sich selbst und Freunden gegenüber sollte es möglich sein, einen Fehler zuzugeben. Etwas schwieriger ist es im beruflichen Umfeld, wo die persönliche Kompetenz besonders viel zählt.

Tipp Es gibt niemanden, der immer nur richtige und optimale Entscheidungen trifft! Also sind Sie doch zumindest in guter Gesellschaft mit Spitzensportlern, Politikern und Nobelpreisträgern.

Ein starkes Argument für eine offene Auseinandersetzung mit dem eigenen Fehler: Durch Offenheit können Sie mehr Verständnis und Entgegenkommen erzielen als durch Ausweichmanöver. Offenheit beinhaltet für den Adressaten nämlich zugleich die Verpflichtung, die Verletzlichkeit des anderen nicht auszunutzen. Bekennen Sie sich zuständig und gehen Sie konstruktiv an die Schadensbegrenzung bzw. Wiedergutmachung.

Nachdem Sie sich also zu Ihrer Fehlentscheidung bekannt haben, analysieren Sie die Gründe für den Fehlschlag. Was hat im Einzelnen dazu geführt, dass Sie falsch entschieden haben? Häufige Ursachen hierfür sind:

- Die Entscheidungsgrundlage war unzureichend.
- Die Entscheidungsfaktoren haben nicht der Situation entsprochen.
- Die Kriterien wurden nicht korrekt gewichtet.
- Das Ziel war realistisch nicht erreichbar.
- Das Ganze wurde unter Zeitdruck entschieden.
- Sie haben sich auf schlechte Berater verlassen.
- Fehler in der Kommunikation.
- Fehlerhafte Prognosen.
- Überraschende Veränderung der Rahmenbedingungen.
- Der Zeitbedarf wurde falsch eingeschätzt.
- Die einzelnen Tätigkeiten waren nicht sinnvoll miteinander verzahnt.
- Es wurden keine „Alarmanlagen" eingebaut.

Übung 67: Ursachen suchen

Knüpfen Sie an der vorigen Übung an und notieren Sie nun die wichtigsten Ursachen in Ihrem Fall. Ordnen Sie jedem dieser Punkte eine passende Gegenmaßnahme zu. Wenn Sie den Zeitbedarf zu knapp eingeschätzt haben, notieren Sie also „Zeitplan erstellen" und „Pufferzeiten einplanen". So ordnen Sie je-

der analysierten Schwachstelle eine entsprechende Maßnahme zu, die verhindert, dass sich dieser Fehler wiederholt.

1. Ursache: _____ Gegenmaßnahme: _____

2. Ursache: _____ Gegenmaßnahme: _____

3. Ursache: _____ Gegenmaßnahme: _____

4. Ursache: _____ Gegenmaßnahme: _____

5. Ursache: _____ Gegenmaßnahme: _____

Suchen Sie dann auch auf übergeordneter Ebene nach Verbesserungsmöglichkeiten. Hätten Sie vielleicht einen weiteren Mitarbeiter für die kontinuierliche Qualitätsüberwachung im Projektverlauf gebraucht? Dann ergänzen Sie die Maßnahme „Qualitätssicherung verbessern".
Diese aktive Auseinandersetzung nützt nicht nur der Qualität zukünftiger Projekte, sondern verhindert auch, dass Sie in eine Angstblockade geraten oder Konflikte wegen unangebrachter Schuldzuweisung schaffen.
Mit der folgenden Übung nun sollen Sie definieren, welche Defizite allgemeinerer Art Sie momentan am erfolgreichen Handeln hindern.

Übung 68: Aktuelle Defizite erkennen
Bitte beantworten Sie folgende Fragen ohne sich besser zu machen, aber auch ohne Selbstvorwürfe:
Was konkret stört Sie an der aktuellen Situation? Was läuft nicht so, wie es sollte?

_____

Worin liegen die Gründe für diese ungünstige Entwicklung?
von außen:

_____

persönlich:

_____

Was müssen Sie bereitstellen, um die Situation positiv zu beeinflussen?
Informationen:

_____

Engagement:

_____

Fähigkeiten:

_____

Finanzen:

_____

Können Sie diesen Input alleine aufbringen?
Ja / Nein
Wenn nein, woher könnten Sie Unterstützung erhalten?

_____

Nachdem Sie die Defizite analysiert haben, gehen Sie Ihre Antworten noch einmal durch und prüfen Sie:

1. Haben Sie nicht einen wichtigen Aspekt vergessen?
2. Wollen/müssen Sie den erforderlichen Input wirklich alleine aufbringen?
3. Haben Sie vielleicht eine Quelle für mögliche Unterstützung vergessen?
4. Haben Sie alles ausschließlich auf sich bezogen?
5. Haben Sie die Verantwortung an einer unbefriedigenden Entwicklung anderen zugeschoben?
6. Wenn Sie Fehlerursachen auch bei anderen finden, wie können Sie Anregungen formulieren und Vorwürfe vermeiden?

Eigene Kompetenzen erkennen

Wenn Dinge nicht so laufen, wie wir uns das wünschen, könnte es sein, dass wir eine oder mehrere Fähigkeiten noch nicht genug entwickelt haben. Überprüfen Sie daher anhand der folgenden Liste Ihre Kompetenzen. Dabei sollten Sie sehr gewissenhaft antworten, denn es besteht in mehrerlei Hinsicht die Gefahr einer Fehleinschätzung. Weder sollten Sie Ihre Schwächen überbetonen noch herunterspielen. Umgekehrt neigen wir dazu, unsere Stärken überzubewerten oder sie gar nicht richtig zu erkennen. Insbesondere die „selbstverständlichen" Fähigkeiten werden gern übersehen.

Übung 69: Wo liegen Ihre persönlichen Kompetenzen?

Sie können die folgende Tabelle mit Kreuzchen füllen oder differenzierter mit Schulnoten. In die erste Spalte tragen Sie für sehr gut ausgeprägte Eigenschaften eine 1 ein oder für gut ausgeprägte eine 2, in der Mitte eine 3 für „befriedigend" oder eine 4 für „ausreichend". Die letzte Spalte erhält eine 5 für deutliche Defizite oder eine 6 für gänzlich fehlende Kompetenz.

Manche Fähigkeiten werden für Ihre momentane Situation weniger wichtig sein als andere, andere Kompetenzen, denen Sie bisher wenig Aufmerksamkeit geschenkt haben, könnten noch einmal wichtig werden. Die Reihenfolge der Begriffe ist beliebig und stellt keine Wertung dar.

Wenn Ihre Tätigkeit bestimmte Faktoren in besonderem Maße erfordert, können Sie die genannten Kompetenzen individuell weiter spezifizieren. Beispielsweise lässt sich die Fähigkeit zur Kommunikation untergliedern in: Zuhören können, Ausdruckskraft, Überzeugungsfähigkeit, Offenheit, Einfühlungsvermögen, Kontaktfreudigkeit und Verhandlungsgeschick. Erstellen Sie eine eigene Liste von Kompetenzen, die für Sie und Ihre Ziele von zentraler Bedeutung sind.

Kompetenz	gut/sehr gut	mittelmäßig	eher gering
Fachwissen			
Kontaktfähigkeit			
Organisationstalent			
Verhandlungsgeschick			
Kundenbetreuung			
Teamfähigkeit			
Zuversicht			
Kreativität			
Phantasie			
Initiative			
Konzentration			
Willensstärke			
Motivation			
Selbstsicherheit			
Kommunikation			

Kompetenz	gut/sehr gut	mittelmäßig	eher gering
Logik			
Pragmatismus			
Verantwortungsgefühl			
Führungsqualität			
Strategie			
Konfliktfähigkeit			
Engagement			
Verlässlichkeit			
Verbindlichkeit			
Zielstrebigkeit			
Konsequenz			
Ehrlichkeit			
Zurückhaltung			
Durchsetzungsfähigkeit			
Flexibilität			
Geduld			
Toleranz			
Verständnisfähigkeit			
Risikobereitschaft			
Einfühlungsvermögen			
Bescheidenheit			
Vertrauensfähigkeit			
Entschlusskraft			
Pünktlichkeit			
Gewissenhaftigkeit			

Aus diesem Profil können Sie erkennen, wo Sie noch Verbesserungs-
potenziale besitzen. Natürlich brauchen und können Sie nicht in allen
Kategorien Spitze sein, aber die für Ihre beruflichen und privaten Ziele wichtigen Kompetenzen sollten Sie eher besser als nur mittelmäßig
beherrschen.

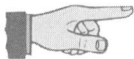

Tipp Machen Sie einen Plan, wann Sie welche Kompetenz verbessern
wollen. Suchen Sie aktiv nach Kursangeboten oder Fachliteratur
zum Thema, um sich fortzubilden. Schieben Sie auch diese Sache
nicht auf. Je früher Sie eine Kompetenz erwerben, desto eher und
länger profitieren Sie davon!

Die mutige Variante: Lassen Sie sich von Menschen beurteilen, die Sie
gut kennen. Daraus können Sie ablesen, wo Ihre Selbstwahrnehmung
von der Fremdwahrnehmung abweicht.

Tipp Bitten Sie um eine schonungslose Beurteilung, aber nehmen Sie
diese auch an. Das ist keinesfalls leicht. Diskutieren Sie die Ergebnisse, aber schenken Sie im Zweifelsfall der Fremdeinschätzung mehr
Glauben als Ihrem Selbstbild!

Übrigens zweifeln glückliche Menschen weniger an Ihren Kompetenzen. Sie verbuchen Erfolge eher auf das Konto eigenen Engagements,
während sie Misserfolge als notwendiges Übel bei dem Bemühen um
Erfolg sehen. Pessimisten handeln umgekehrt. Erfolge werden als zu-
fällige Ausnahme gesehen, während Misserfolge der eigenen Inkom-
petenz zugeschrieben werden.

Orientieren Sie sich an Ihren Stärken

Ein mögliches Ergebnis aus diesem Profil könnte auch sein, dass Ihre
Kompetenzen besser zu einer anderen als Ihrer momentanen Tätigkeit
passen. Machen Sie sich entsprechend Gedanken, ob und wie Sie diese Stärken beruflich besser nutzen können, beispielsweise durch die
Übernahme einer entsprechenden Funktion oder den Wechsel in eine
andere Abteilung. Sie wissen ja: Nur was uns und unseren Fähigkeiten
entspricht, das tun wir auch wirklich gern und gut. Orientieren Sie
sich daher besonders beruflich an Ihren wahren Stärken. Die folgende
Übung hilft Ihnen dabei.

Übung 70: Standortbestimmung

Nehmen Sie ein Blatt und schreiben Sie alles auf, was Ihnen zu den folgenden Fragen einfällt.

1. Was ist Ihnen besonders wichtig?
2. Was gelingt Ihnen besonders gut?
3. Wofür lobt man Sie immer wieder?
4. Welche Tätigkeiten bereiten Ihnen wirklich Freude?
5. Welche Themen faszinieren Sie am meisten?
6. Worüber wissen Sie besonders gut Bescheid?
7. Wie können Sie Ihre Neigungen und Fähigkeiten in Ihren jetzigen Job einbinden?
8. Wie sähe ein Job aus, der Ihre Neigungen und Fähigkeiten optimal zur Geltung bringt?
9. Wo sind Ihre Kompetenzen besonders gefragt?
10. Besteht die Möglichkeit, Ihre Neigungen neben oder außerhalb des Jobs zu entwickeln? Gibt es in Ihrem Umfeld noch ungenutzte Möglichkeiten, Ihre Qualitäten einzubringen?

Aus dieser Übung heraus können Sie noch einmal Ihre Zielvereinbarungen überarbeiten (S. 46). Überlegen Sie dann: Was werden Sie jetzt konkret tun, um Ihre Ziele zu erreichen?

Nicht jeder ist momentan bereit für einen Neuanfang. Viele Hindernisse halten uns immer wieder davon ab, die alten Muster in Frage zu stellen. Alles braucht seine Zeit, und wenn die Zeit gekommen ist und wir nicht mehr richtig zu den alten Einstellungen stehen können, beginnt die Suche nach Neuem. Dann sind wir offen für neues Denken und neue Erfahrungen. Gönnen Sie sich die Zeit, die Dinge brauchen, um sich zu entwickeln. Aber wenn es soweit ist, ergreifen Sie Ihre Chancen!

Entwickeln Sie Ihre Stärken weiter

Das klingt banal, aber tatsächlich tun viele Menschen genau das Gegenteil, indem sie versuchen ihre Schwächen auszumerzen. Dabei ist einleuchtend, dass es viel motivierender ist, etwas konstruktiv zu verbessern als etwas zu bekämpfen. Im Ergebnis stehen Sie mit gut entwickelten Fähigkeiten da, und im anderen Fall? Allenfalls ohne gravierende Schwächen, aber nichts, womit Sie tatsächlich arbeiten könnten! Deshalb: Konzentrieren Sie sich auf Ihre Stärken, denn diese verhelfen Ihnen zum Erfolg. Zugleich akzeptieren Sie Ihre Schwächen als natürlichen Bestandteil einer jeden Persönlichkeit.

Denkfallen erkennen und meiden

Fehler unterlaufen uns nicht nur in Folge fehlender Informationen oder mangelnder Kompetenz. Oftmals ist es auch unser Denken, das uns in die Irre führt. Daraus resultiert eine Fehleinschätzung der Situation, was wiederum Fehlentscheidungen nach sich zieht. Sehen wir uns daher vier besonders verbreitete Denkfallen einmal näher an.

Die erste ist die Selbsttäuschung. Bestimmt kennen Sie jemanden, der stets darauf bedacht ist, Recht zu haben. Mehr noch: Recht gehabt zu haben!

Beispiel

> Die Aktienkurse entwickeln sich prächtig, dann plötzlich eine Krise. Keiner weiß so recht, was davon zu halten ist. Die meisten verharren in Untätigkeit, um die weiteren Entwicklungen abzuwarten. Ein halbes Jahr später ziehen die Kurse wieder kräftig an. Dies kommentiert Herr Schlaumeier mit den Worten: „Siehste, hab ich's nicht gesagt: Abwarten!" Doch fallen die Kurse zu diesem Zeitpunkt noch stärker, wird er mit Sicherheit sagen: „Ich hab's doch gewusst, war ja klar, dass sie noch weiter in den Keller gehen."

Machen Sie die folgende Übung. Es ist sehr wichtig, dass Sie hierbei möglichst ehrlich sind. Kreuzen Sie spontan an, was Sie in einer solchen Situation tatsächlich sagen würden.

Übung 71: Unterliegen Sie leicht einer Selbsttäuschung?

Ihr Fußballclub liegt bis kurz vor Spielende 0:1 zurück. Dann fällt der Ausgleich 1:1. Ihr Kommentar dazu? Bitte wählen Sie eine Antwort, die Ihnen am ehesten entspricht, bevor Sie weiterlesen.

a) Jawohl, gut so Jungs. Ich wusste, dass ihr es schafft.

b) Was für ein Dusel! Da schaffen die Tränen doch tatsächlich noch den Ausgleich.

c) Na ja, verdient war es nicht mehr.

Dann, in der letzten Minute, geht Ihre Mannschaft noch durch ein schönes Tor in Führung. Ihre Reaktion auf den knappen Sieg:

a) Was für Teufelskerle. Ich bin stolz, dass ich immer auf diese Mannschaft gebaut habe.

b) Die müssen noch viel trainieren, dass sie es mal etwas früher schaffen, ein Tor zu schießen.

c) Die arme gegnerische Mannschaft, so spät noch den Sieg abgeben zu müssen!

Aber ach, der Schiedsrichter erkennt das Tor wegen Abseits nicht an und lässt nachspielen. Sie dazu:

a) Hat der Kerl sie noch alle?

b) So ein Pech: Abseits!

c) Unglaublich, es bleibt immer noch spannend!

Die Gegner schießen in der Verlängerung ein Kopfballtor. Das bedeutet Sieg mit 1:2. Sie kommentieren:

a) Das ist alles die Schuld des Trainers.

b) Na, wartet nur auf das Rückspiel!

c) Die bessere Mannschaft hat gewonnen.

Auswertung

Sie merken an Ihren Antworten höchstwahrscheinlich, dass wir alle nicht frei davon sind, Dinge früher schon besser gewusst zu haben, als wir das tatsächlich konnten. Mit anderen Worten: Wir bilden uns ein, Dinge schon kommen gesehen zu haben, die jedoch zu dem damaligen Zeitpunkt für uns ebenso unklar waren wie für alle anderen. Dieser Effekt ist unter dem Namen Hindsight Bias bekannt. Spätere Erkenntnisse vermengen sich mit früheren Situationen, so dass die Vergangenheit ein kleines „Upgrading" erfährt, damit sie besser zu den Ergebnissen der Gegenwart passt. Das ist natürlich „Geschichtsfälschung". Zu unserer Verteidigung lässt sich allerdings vorbringen, dass wir diese Manipulationen an der Wirklichkeit nicht absichtlich, sondern vielmehr unbewusst vornehmen.

Wenn Ihre Antwort immer c) war, dann sind Sie vermutlich die berühmte Ausnahme, oder das Beispiel passt einfach nicht auf Sie, weil Sie kein Fußballfan sind. Bei der Anwort b) zeichnet sich bereits ab, dass Sie vorweggreifen und emotional mit Ihrer Mannschaft gehen. So trifft Sie deren Niederlage bestimmt, weshalb Sie vermutlich Argumente suchen (und finden), die diese Niederlage relativieren.

Ganz eindeutig betroffen vom Hindsight Bias sind Sie bei Wahl von a)-Antworten: Sie wissen es besser als der Schiedsrichter, hätten den

Trainer schon längst entlassen (nach dem Spiel!) und haben zugleich nie am Sieg Ihrer Mannschaft gezweifelt.

Die Tatsache, dass wir die Vergangenheit unbewusst manipulieren, wirkt sich auch auf unser Selbstbild aus. Wir neigen dazu, uns gute Ergebnisse zuzuschreiben, die gar nicht unser Verdienst waren. Ebenso haben wir im Rückblick diese und jene Entwicklungen schon klar erkannt, so dass wir uns gerne mit den erfolgreichen Entscheidern früherer Tage identifizieren. Dadurch überschätzen wir unseren Einfluss und unsere Leistung. In der Folge meinen wir, nur die eine oder andere Entscheidung treffen zu müssen, und schon läuft alles nach Plan. Wenn die erwarteten Ergebnisse ausbleiben, sind wir frustriert und suchen nach neuen Zauberformeln.

Ein weiterer Effekt kommt hinzu: Sich vermeintlich wiederholende Erfolge – wie im oberen Beispiel mit den Börsengeschäften – verführen auch zu größerer Risikobereitschaft, weil man sich sicherer wähnt, als man es tatsächlich ist. Hier sind wir gut beraten, uns vor der sich selbst tarnenden Leichtfertigkeit in Acht zu nehmen. Umgekehrt trauen wir uns die schlechten Ergebnisse der anderen gar nicht zu. Diese beruhen eindeutig auf Fehlentscheidungen, mit denen wir uns nicht identifizieren können. In der Folge meinen wir, gegen solche Fehlentscheidungen gewappnet zu sein, was sich jedoch als schwerer Irrtum herausstellen kann.

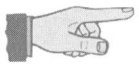

Tipp Um eigene Entscheidungen aus der Distanz zu beurteilen, sollten Sie einmal den Standpunkt wechseln: Stellen Sie sich vor, ein anderer hätte Ihre Entscheidung getroffen – und Sie haben nun die Funktion seines schärfsten Kritikers.

Kontrollillusion

Wir glauben gern, dass wir die Dinge im Griff haben, dass wir allein die Macht darüber haben, ob, wann und wie sich etwas verändert. Dabei sind viele Vorgänge von ganz unterschiedlichen Faktoren abhängig, auf die wir teilweise nicht einmal Einfluss nehmen können. Ja, oftmals kennen wir die Einflüsse und die Wirkungszusammenhänge gar nicht oder nicht genügend. Also vernachlässigen wir sie in unserer Entscheidungsfindung, was sich im Ergebnis unserer Bemühungen nachteilig auswirken kann.

Beispiel

Sie hatten soeben ein erfolgreiches Kundengespräch. Zufrieden mit sich legen Sie den Hörer auf: Sie haben einen Auftrag an Land gezogen! Dank Ihrer kundenorientierten Gesprächsführung haben Sie wieder einmal einen neuen Kunden überzeugen können. Dabei denken Sie nicht daran, dass derselbe Kunde gestern vielleicht noch nicht bei Ihnen bestellt hätte, weil er ...

- erst heute die überzeugende Produktbroschüre gelesen hat,
- erst heute Morgen vom Konkurs seines bisherigen Lieferanten erfahren hat,
- der bisherige Lieferant gerade gestern zum dritten Mal eine Fehllieferung zu verantworten hatte,
- gestern Abend Ihre Produkte von einem Freund empfohlen bekam.

Diese Liste lässt sich beliebig fortsetzen. Sie sehen: Es war möglicherweise gar nicht Ihr Verdienst und Ihre Leistung, dass Sie den heutigen Auftrag erhalten haben. Trotzdem war Ihr Anruf aber notwendig. Sie haben also die richtige Entscheidung gefällt, haben Ihre Fähigkeiten eingebracht – und profitierten von einem unbekannten Maß an begünstigenden Einflüssen. Weil wir diese Einflüsse nicht überschauen können, neigen wir dazu, sie auszuklammern. Dadurch überschätzen wir unseren eigenen Einfluss und neigen dazu, andere Faktoren zu ignorieren.

Die Kontrollillusion vermittelt uns ein gewisses Machtgefühl und Selbstbewusstsein, Dinge überhaupt anpacken zu können. Wenn wir unsere Entscheidungen auf der Basis treffen würden, dass wir ohnehin machtlos sind und nichts bewegen können, dann wären wir vermutlich entscheidungsunfähig. Ein weiterer Effekt der Kontrollillusion ist der, dass wir uns verantwortlich für unser Handeln fühlen. In dem Glauben, dass wir die Entscheidungsmacht haben, wie sich Dinge entwickeln, werden wir zuständig für die Lorbeeren des Erfolgs wie auch für die Schimpfe im Falle des Misserfolgs.

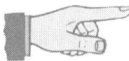

> **Tipp** Zwischen Realismus und der gefährlichen Überschätzung des eigenen Einflusses liegt ein schmaler Grat. Sind Sie Entscheider, ist ein wenig Kontrollillusion durchaus hilfreich. Sie nährt die Zuversicht, dass sich die unbekannten Größen im Spiel wahrscheinlich der eigenen Entscheidung anschließen werden. Außerdem brauchen Sie diesen Optimismus für eine ganze Reihe schwer einschätzbarer Situationen. Andererseits sollten Sie aber der Illusion nicht völlig verfallen und wichtige Einflüsse übersehen.

Subventionierte Leichen

Es gibt sie in fast jeder Firma, in jedem Landes- und Bundeshaushalt: subventionierte Leichen sind die Dinge, die sich schon lange nicht mehr rechnen, die nur Geld kosten, aber nichts bringen. Es sind die aussichtslosen Vorhaben, die eigentlich aufgegeben werden müssten, aber irgendwie traut sich keiner so recht ran. Der Hauptgrund dahinter ist der, dass man durch das Streichen gewissermaßen zugeben müsste, bisher eine Fehlentscheidung unterstützt zu haben. Man betrachtet das viele Geld, das bereits in das Projekt geflossen ist und möchte es nicht einfach abschreiben. So macht man beide Augen zu und weiter wie bisher, ohne an die Kosten zu denken, die das totgeborene Projekt weiter verschlingen wird. Wenn Sie also auch die eine oder andere subventionierte Leiche im Keller haben, entrümpeln Sie gründlich.

Beispiele

Ist es eine Mitgliedschaft in einem Verein, mit dem Sie schon lange nichts mehr zu tun haben? Ein Konto, das mehr Gebühren kostet als es Zinsen bringt? Ein Fahrzeug, das von Jahr zu Jahr mehr verrottet und das Sie irgendwann nur noch teuer entsorgen können, anstatt es vorher an einen Bastler zu verkaufen?

Räumen Sie solche harmlosen, aber auch schwerere „Leichen" aus dem Weg, sparen Sie Geld, schaffen Platz und setzen Kapazitäten für sinnvolle Vorhaben frei. Dazu gehört der Mut, zuzugeben, dass man es – leider vergebens – versucht hat. Es kann eben nicht alles zum Erfolg werden.

Übung 72: Haben Sie „Leichen" zu entsorgen?

Was kostet Sie immer noch Geld und Zeit oder steht nur nutzlos herum? Schreiben Sie alles auf, was Ihnen einfällt!

Meinungsduplikation

In dieses Thema steigen wir am besten gleich mit einer Übung ein.

Übung 73: Meine eigene Meinung

Ein Freund rät Ihnen zu einer bestimmten Aktie mit unglaublichen Gewinnaussichten. Wie reagieren Sie?

a) Sie reagieren skeptisch: Na ja, denken Sie, der hat auch schon ganz andere Tipps gegeben. Andererseits reizen Sie die Gewinnaussichten.

b) Sie denken, ist mir zu riskant – und bleiben Ihren Anlagerichtlinien treu.

c) Sie kaufen sofort die Aktien, um sich keine Gewinne entgehen zu lassen.

d) Sie überlegen, die Aktien nur zu kaufen, wenn Ihr Freund sie auch gekauft hat.

e) Sie zögern, aber irgendwie reizt die Gewinnmöglichkeit auch Sie. Eigentlich investieren Sie nicht in Aktien, sondern finden Rentenfonds sicherer.

In den folgenden zwei Wochen sind die Medien voller Kaufempfehlungen. Finanzmagazine, das Sonntagsbörsenblatt und der anerkannte Börsensender interviewen Anlageexperten zu diesem Unternehmen. Und alle sind sich einig: Diese Aktie hat eine große Zukunft. Ihr Freund ist total begeistert, dass er bereits so günstig eingestiegen ist. Er kauft schnell noch nach, bevor „die Post abgeht". Was tun Sie?

a) Naja, offenbar war der Tipp gar nicht so schlecht. Vielleicht sollte ich auch kaufen, bevor es nicht mehr lohnt.

b) Ist mir dennoch zu riskant.

c) Ich kaufe ebenfalls nach.

d) Ich empfehle die Aktie im Freundeskreis weiter.

e) Unter diesen Umständen würde ich mir einen Kauf schon überlegen.

Ein bekannter Schauspieler wirbt nun offiziell für die Aktien. Es setzt ein wahrer Run auf die Papiere ein. Wie verhalten Sie sich?

a) Ich kaufe nun mit gutem Gewissen.

b) Was alle wollen, muss nicht gut sein. Ich lasse die Finger davon.

c) Ich freue mich, dass ich mich schon so gut eingedeckt habe.

d) Im Kollegenkreis genieße ich den Ruf eines Börsenkenners.

e) Meinem Depot mit Rentenpapieren kann eine kleine Aktienbeimischung nicht schaden.

Welchen Buchstaben haben Sie überwiegend gewählt?_____

Auswertung
Wenn Sie häufig a) gewählt haben, so macht die zunehmende Wiederholung einer Nachricht sie offenbar in Ihren Augen glaubhafter. Haben Sie überwiegend b) gewählt, sind Sie eher immun gegen fremde Meinungen. Wenn Sie überwiegend c) gewählt haben, sollten Sie prüfen, ob Sie sich mit Ihren Entscheidungen nicht in einer trügerischen Sicherheit wähnen. Ist d) Ihre häufigste Antwort, neigen Sie womöglich dazu, fremde Meinungen vorschnell zu übernehmen und als Ihre eigene weiter verbreiten. Überwiegt e), so wurde Ihre vorsichtige Grundeinstellung mit zunehmend positiver Berichterstattung aufgeweicht.

Diese häufig auftretende Erscheinung nennt man Frequency-Validity-Effekt. Er beschreibt, dass wir eine Aussage umso eher glauben, je öfter wir sie wahrnehmen. Dabei lassen wir leider häufig außer Acht, dass sich viele Berichte auf dieselbe Quelle beziehen. So hören wir im obigen Beispiel vielleicht zehn unabhängige Meinungen. In Wirklichkeit wiederholen alle nur, was sie von anderer Seite kurz zuvor aufgeschnappt haben. Möglicherweise verfolgt niemand eine schlechte Absicht – alle wollen einfach nur dabei sein und mitreden. So haben Sie es im Extremfall mit einer zwar häufig reproduzierten, aber einzelnen Meinung zu tun, die obendrein nicht einmal richtig sein muss! Auf diese Weise wurden am Neuen Markt einige Titel durch Medienrummel hoch gelobt. Anschließend fielen sie allerdings wieder kraftlos in sich zusammen. Seien Sie also vorsichtig damit, fremde Meinungen unreflektiert zu übernehmen.

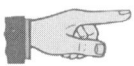

Tipp Machen Sie sich bewusst: Die häufige Lancierung immer derselben Meinung bedeutet noch nicht, dass sie begründet ist. So werden Stimmungen gemacht und manipuliert!

Subjektive Buchführung

Stellen Sie sich vor, ein erfolgreicher Manager rationalisiert alle Unternehmensbereiche. Überall findet er Stellen, an denen sich Geld einsparen lässt. Er zeigt auf: Die Summe der Kostenersparnis ist enorm.

Die Unternehmensführung ist entsprechend zufrieden, zahlt dem Manager eine hohe Prämie und verabschiedet ihn mit den besten Empfehlungen in das nächste Unternehmen.

Ein Jahr später stellt sich heraus, dass die Einsparungen bei Weitem nicht so hoch waren, wie ursprünglich angenommen. Nicht nur, weil einige Positionen doppelt in Abzug gebracht wurden, sondern vor allem, weil die Folgen der Sparmaßnahme an anderer Stelle Kostensteigerungen nach sich zogen; und dies wurde schlichtweg nicht berücksichtigt. So etwa wurde den Sachbearbeitern in der Auftragsabwicklung ein viel höheres Auftragsvolumen zugemutet, was zur Mehrbelastung der Mitarbeiter führte. Da sie aber nicht mehr verdienten, verschlechterten sich Motivation und Arbeitsklima entsprechend. Die Krankmeldungen häuften sich. Fehler nahmen zu, die vor allem die Kunden zu spüren bekamen. In der Folge gingen Aufträge gingen verloren, die Fluktuation in der Abteilung stieg ...

Der einmal losgetretene Rationalisierungseffekt hat also eine Eigendynamik erhalten, wobei die Folgekosten das rechnerische Ergebnis der angestrebten Einsparungen bei Weitem überstiegen.

Dies ist ein sehr drastisches Beispiel für ein Phänomen, das man subjektive Buchführung nennt. Eine ähnliche subjektive Buchführung haben Sie schon im Beispiel mit dem Kameraverkauf (S. 89) kennen gelernt

Übung 74: Subjektive Buchführung

Machen Sie drei Lösungsvorschläge, wie sich die subjektive Buchführung im geschilderten Beispiel vermeiden lässt. Lösungsvorschläge finden Sie im Anhang.

Lektion 9: Wie Sieger handeln

Wer erfolgreiche Menschen studiert, wird feststellen,
dass es immer wieder die gleichen Merkmale sind,
die Aufstieg und Erfolg begünstigen. In dieser
abschließenden Lektion lernen Sie die besten Siegerstrategien
kennen – von der Eigeninitiative über die Integrität
bis hin zur Kraft von Visionen.

Die Initiative ergreifen

„Ich kam, sah und siegte." Dieser berühmte Ausspruch des großen römischen Imperators verrät viel über das Geheimnis des Erfolgs. Zunächst einmal „ging" Caesar „hin". Er blieb nicht gemütlich zu Hause sitzen, sondern ergriff die Initiative. Er handelte, bevor es andere taten. Er wusste um die Macht des Handelns.

Wer aktiv wird, regiert die Situation, gibt den Kurs an. Wer passiv bleibt, überlässt anderen die Initiative. In der Folge reagiert der Passive auf die Entscheidungen des Aktiven. Damit stehen ihm aber längst nicht mehr so viele Möglichkeiten offen. Er ist eingeschränkt durch die Realität, die andere bereits durch ihr Handeln geschaffen haben.

Die Situation erfassen

Weiter erkannte Caesar die sich ihm stellende Situation samt der sich daraus bietenden Möglichkeiten. Das heißt, er sah klar, was war und was zu tun war. Das machte sein Handeln zielgerichtet. Diese Offenheit in der Wahrnehmung, der ungetrübte Blick für das Wesentliche ist ein weiteres Merkmal für erfolgreiche Menschen. Sie sind weder durch Ängste blockiert, noch durch falschen Stolz, Hochmut, Ehrgeiz, Neid etc. in ihrer Wahrnehmung beeinträchtigt. Sie übernehmen die Verantwortung und stehen zum Ergebnis. Nicht jede Schlacht kann gewonnen werden, aber aus den Niederlagen gehen sie gestärkt hervor.

Den Erfolg vor Augen

Und schließlich sind sich erfolgreiche Menschen einfach dessen sicher, dass sie letzten Endes siegen werden, trotz aller Rückschläge und Niederlagen – ganz selbstverständlich: veni vidi vici – fast wie in einem Wort, ohne Zweifel oder Zögern. Dahinter steht die starke Vision vom Sieg. Ist diese erst einmal vorhanden, dient sie als verlässliche Orientierung. Das Ziel klar vor Augen kann man eigentlich gar nicht mehr woanders hin gelangen als zum Erfolg. Die Vision führt zum Erreichen der Ziele und zur Bewältigung der Aufgaben.

Folgen Sie Ihrer Vision

Unser Erfolg folgt der inneren Einstellung. Daher ist es wichtig, dass wir attraktive Visionen entwickeln, nach denen wir streben. Unser Körper und unser Handeln bewegen sich in die Richtung unseres Denkens. Nur aufgrund von Vorgaben können wir auch eine Strategie entwerfen, den Weg zum Ziel.

Was denken Sie, worauf sich zwei Menschen zubewegen, die folgende Vorgaben haben:

1. Ich werde meine Aufgaben termingerecht und erfolgreich abschließen.
2. Ich muss unbedingt jede Art von Misserfolg vermeiden!

Der Erste definiert nicht nur positiv, sondern auch konkret, so dass er auf dem besten Weg ist, seine Termine einzuhalten und erfolgreiche Abschlüsse zu erreichen. Der zweite konzentriert sich auf „jede Art von Misserfolg".

Beispiel

Fußball-Pokalspiel, zwei Stürmer, beide gleich alt, gleich gut trainiert und durch eine hohe Prämie zum Erfolg motiviert. Der eine denkt ständig daran, wie er vermeiden kann, im entscheidenden Moment daneben zu schießen. Er macht sich Sorgen und sieht sich schon dem Unmut von 30.000 Zuschauern ausgesetzt, falls er das Tor verfehlen sollte. Der andere behält stets das gegnerische Tor im Visier und wartet geduldig auf die richtige Gelegenheit zuzuschlagen.

Wer meinen Sie hat die besseren Chancen, ein Tor für seine Mannschaft zu erzielen?

Und so haben auch Sie die Wahl, sich auf Ihre Niederlage zu konzentrieren oder auf Ihren Erfolg. Erfolgreiche Menschen wissen: Die Herausforderungen des Schicksals nimmt man besser an und versucht diese mit Ausdauer und Konzentration zu lösen. Sie erkennen den Vorteil die Herausforderung gerne anzunehmen gegenüber der Alternative, dies missmutig zu tun. Erfolgreiche Menschen wissen auch, dass ihre Programmierung auf Erfolg diesen nach sich zieht. Misserfolge nutzen sie als Zwischenstation, gewissermaßen als Sprungbrett zum Erfolg.

Erfolge „sehen" lernen

Das Phänomen der inneren Einstellung, die unseren Erfolg lenkt, hat eine Entsprechung im Sehen, das unseren Körper lenkt. So wie der Radfahrer beobachtet, dass die Fahrspur seinem Blickverlauf auf der Fahrbahn folgt, fahren wir in der Regel dahin, wohin wir schauen. Machen Sie den Selbstversuch: Fixieren Sie einen Kanaldeckel mit dem Blick, so werden Sie darüber hinwegfahren. Zum Umfahren des Deckels müssen Sie diesen Weg mit den Augen vorzeichnen.

Beispiel

Es gab einmal einen Nationalspieler, der den gegnerischen Torwart bereits geschickt umspielt hatte. Dann stand er quasi allein vor dem leeren Tor – und traf daneben. Er wusste einfach nicht, für welche Ecke er sich entscheiden sollte. Es gab auch niemanden, an dem er hätte vorbei treffen müssen, wie er das gewohnt war. Der Spieler konnte seinen Blick auf keinen Punkt fixieren, den er hätte treffen wollen. Das Entscheidungsdilemma, ob er den Ball oben links oder unten rechts ins Tor treten sollte, löste sein Körper schließlich mangels klarer Signale vom Gehirn auf der unterbewussten Ebene, indem er einfach vorbei schoss.

Das Ganze spielte sich natürlich innerhalb nur weniger Sekunden ab. Sonst hätte der Spieler sich natürlich Zeit lassen können, eine bewusste Entscheidung herbeizuführen. So aber wurde er das Opfer seiner verloren gegangenen Zielorientierung.

Stellen Sie sich vor, wie Sie Ihr Vorhaben Schritt für Schritt erfolgreich umsetzen. Visualisieren Sie dabei auch die kleinen Handlungen, die

Ihnen keine Probleme machen. Wichtig ist, dass Sie einen Anfang finden und sich durch Bedenken nicht irritieren lassen. Was Sie in Gedanken bereits (mehrmals) erfolgreich durchgespielt haben, fällt Ihnen später in der Realisierung (umso) leichter.

Übung 75: Ihre Vision

Notieren Sie hier Ihre Vision: Überlegen Sie zum Beispiel, was Sie beruflich in 10 Jahren erreicht haben. Oder entwerfen Sie ein Bild, mit wem Sie wo in ein paar Jahren stehen werden (vielleicht mit Ihrem Partner/Ihrer Partnerin vor Ihrem Häuschen auf einer kanarischen Insel). Denken Sie an die Übungen, die Sie im Kapitel „Ziele ziehen an" gemacht haben, dann dürfte Ihnen diese Übung nicht mehr schwer fallen.

Versuchen Sie, Ihre Vision möglichst in einem Satz zu fassen. Schreiben Sie nicht, „Ich möchte ...", sondern: „Ich leite eine Abteilung mit 20 Mitarbeitern."

Meine Vision: _____

Übernehmen Sie Verantwortung

Erfolgreiche Menschen zeichnen sich dadurch aus, dass sie der Sache dienen. Sie fühlen sich zuständig für das, was sie machen und übernehmen die Verantwortung für das Gelingen. Sie treffen eine Entscheidung und packen an, während andere sich hinter Verordnungen verschanzen, sich gegenseitig die Arbeit zuschieben oder Entscheidungen ausweichen.

Wir haben schon zuvor in diesem Training festgestellt, dass es nie eine hundertprozentige Entscheidungssicherheit geben kann. Die Frage des Restrisikos ist damit die Frage der Verantwortungsbereitschaft. Wir schätzen ungefähr ab, wie viel Risiko unsere Entscheidung beinhaltet und entscheiden, damit leben zu können, wenn:

- die Eintrittswahrscheinlichkeit der Risiken gering genug erscheint,
- die Folgen verkraftbar sind,
- die Entscheidung konsensfähig ist,
- die Alternativen weniger vorteilhaft scheinen,
- die Zeit keine weiteren Überlegungen zulässt,
- die Chancen für den Erfolg gut stehen.

Übung 76: In der Verantwortung stehen

Sie stehen vor der Entscheidung, ob Sie das angeschlagene Unternehmen der Familie übernehmen oder sich eine andere Existenz suchen sollen. Dafür sprechen die Familientradition seit 1855, die Unterstützung des Vaters und der gute Name der Firma. Dagegen die schlechten Zahlen und die mäßigen Aussichten auf Erfolg. Welche Aspekte spielen bei Ihrer Entscheidung eine wichtige Rolle? Kreuzen Sie die vier an, die für Sie am wichtigsten sind.

1. Aussicht auf Anerkennung in der Familie.
2. Ein hohes Einkommen im Erfolgsfall.
3. Die gesellschaftliche Stellung in der Gemeinde.
4. Die Verantwortung gegenüber der Familie, die Tradition.
5. Die Pläne Ihres Partners.
6. Die Marktprognosen.
7. Eine realistische Einschätzung der Chancen und Risiken.
8. Die Potenziale der Produkte, das Potenzial der Mitarbeiter.
9. Die soziale Verantwortung für Zulieferer und Mitarbeiter.
10. Die Aussicht darauf, endlich selbst zu bestimmen.

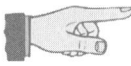

Tipp Im Grunde ging es bei dieser Frage in erster Linie um Objektivität in einer von vermeintlicher Verantwortung geprägten Situation. Auch das ist eine wichtige Fähigkeit, die Ihnen hilft erfolgreich zu entscheiden: objektiv zu beurteilen, welche Aspekte in einer Herausforderung vorrangig sind.

Setzen Sie sich durch?

Erfolg ist eng mit der Frage von Abgrenzung und Durchsetzungsvermögen verknüpft. Wer sich gegenüber anderen Interessen behauptet, schützt sich vor Fremdbestimmung und kommt auf seinem Weg weiter. Dazu gehört auch, Nein sagen zu können, sowie die Fähigkeit Durststrecken zu überwinden, ohne vom Ziel abzukommen.

Um sich nicht durch Zweifel, Ablenkung oder Bequemlichkeit vom Vorhaben abbringen zu lassen, ist Selbstdisziplin erforderlich. Diese vermittelt Glaubwürdigkeit hinsichtlich der Übereinstimmung von Wollen und Tun, der so genannten Integrität.

Beispiel

Ihr Chef hat sich vorgenommen, für die Abteilung einige Vorteile bei der Geschäftsleitung durchzuboxen. Dabei stößt er zunächst auf einigen Widerstand, aber er gibt nicht auf – bis er schließlich nach zähem Ringen das O. k. erhält. Wenn er nun einmal Unterstützung von den Mitarbeitern braucht, steht die Abteilung geschlossen hinter ihm.

Integre Menschen sind verlässlich, da sie sagen, was sie tun. Sie sind vertrauenswürdig, da man weiß, woran man bei ihnen ist. Das kommt dem Sicherheitsbedürfnis der Menschen entgegen. Niemand möchte unangenehme Überraschungen erleben.

Für Führungskräfte ist die Frage der Integrität ganz besonders wichtig, weil sie eine Vorbildfunktion erfüllen, um die propagierten Ziele und Maßnahmen erfolgreich im Unternehmen zu etablieren. Erkennt die Belegschaft keine Übereinstimmung zwischen den Programmen und der Führungsmannschaft, wird sie diese Punkte auch nicht akzeptieren. Manager, die von erforderlichen Sparmaßnahmen reden und sich dabei ohnehin üppige Bezüge verdoppeln, können nicht erwarten, dass man ihnen folgt.

Neue Wege gehen

Erfolgreiche Menschen zeichnen sich oft dadurch aus, dass sie Denk- und Handlungsroutinen verlassen und offen für neue Wege sind. Natürlich erfordert das den Mut, auf sichere Erfahrungswerte zu verzichten und sich einer Ungewissheit auszusetzen. Doch die Alternative erscheint eben nicht immer attraktiv – das gewohnte eingleisige Denken.

Beispiel

Ein Anruf. Frau Schnell bietet sich Herrn Klein als Vertriebspartner an. Herr Klein ist gerade mit der Vorbereitung des Meetings bzgl. neuer Marketingstrategien total überlastet. Er denkt deshalb nur kurz nach: Schließlich hat er bereits vier Vertriebspartner. Ein weiterer Vertriebspartner würde nur weiteren Abstimmungs-, Abrechnungs- und Verwaltungsaufwand bedeuten. Außerdem fehlen Erfahrungen mit Frau Schnell und – oft das wichtigste Argument – er hat momentan wichtigere Themen zu bearbeiten und leider keine Zeit. Also lehnt er dankend ab.

So geht es oft mit neuen Zulieferern, neuen Trainern, neuen Service-Unternehmen. Hätte sich Herr Klein die Zeit genommen, das Angebot zu prüfen, hätte er erfahren, dass Frau Schnell ein richtig gut funktionierendes Vertriebsnetz hat und in Größenordnungen absetzt, die seine alten Partner nie erreichen.

Vorhandenes Wissen nutzen

Manche Entscheider haben den Anspruch, alles selbst machen zu müssen. Lieber verbringen sie viel Zeit und lange Diskussionen damit, eine neue Strategie zu erfinden als von den vorhandenen Erfahrungen direkt zu profitieren. Andererseits geben manche Unternehmen Unsummen für externe Berater aus, die ihre bewährten Strukturen zerschlagen und das Unternehmen an den Rand der Handlungsfähigkeit bringen. Doch ist es nicht gerade sinnvoll, das Potenzial der erfahrenen Mitarbeiter dafür einzusetzen, die Brauchbarkeit neuer Kooperationen zu bewerten und diese in die bestehenden Prozesse zu integrieren? Oft werden jedoch leider gerade diese Mitarbeiter „freigesetzt", um Kosten zu sparen.

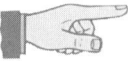

Tipp Bleiben Sie offen für das, was andere kompetente Personen zu Ihren Konzepten, Strategien und Maßnahmen sagen. Holen Sie solche Leute ins Boot, denen Sie fachlich vertrauen – auch wenn es einmal nicht die „Meinungsführer" sind.

Offen sein bedeutet, aufgeschlossen sein für die Meinungen und Probleme der Mitarbeiter, aber auch für Neues, Unkonventionelles von außen. Dadurch profitieren Sie in zweierlei Hinsicht: zum einen bekommen Sie Unterstützung angetragen, die Sie sich nicht selbst suchen müssen. Zum anderen erhalten Sie Anregungen und Ideen, die Sie ebenfalls nicht selbst entwickeln müssen. Und schließlich können Sie nie wissen, was Sie vielleicht schon nächstes Jahr dringend brauchen werden.

Leider sind immer weniger Entscheider für wichtige Impulse erreichbar. Das hat oft eine ganz praktische Ursache: Man ist ständig in Meetings, Anrufer kommen an der Sekretärin nicht vorbei, Sprechstunde gibt es keine. Doch um von anderen zu profitieren, müssen Sie als Führungskraft auch erreichbar und ansprechbar sein.

Beispiel

Im Marketing wird eine verantwortungsvolle Position besetzt. Schon fünf Mal hat ein gewisser Jochen Schmidt angerufen, der schon seine Unterlagen geschickt hat und offensichtlich sehr an dem Job interessiert ist. Doch Marketingleiter Jens Tegel verbringt ein Drittel seiner Arbeitszeit in Meetings, die übrige Zeit ist er unterwegs beim Kunden, auf Fortbildung oder irgendwo im Haus. Wenn er sich ausnahmsweise an seinem Arbeitsplatz befindet, stellt er das Telefon um, arbeitet Liegengebliebenes ab, darunter auch die Bewerbungen – ist aber wieder nicht erreichbar. So hat Jochen Schmidt auch beim sechsten Versuch kein Glück. Jetzt reicht es dem hoch qualifizierten Bewerber. Was ist das für ein Unternehmen, wo keiner der Führungskräfte mal fünf Minuten Zeit hat? So nimmt er schließlich das attraktive Angebot der Konkurrenz an.

Aufgeschlossen für andere Meinungen

Wir alle sind nicht frei von Denkmustern und neigen dazu, andere in Schubladen zu stecken. Daher sollten wir uns grundsätzlich um möglichst viel Verständnis und Toleranz bemühen. Überprüfen Sie bitte hier Ihre Meinung zu folgenden Themen:

Übung 77: Toleranz und Aufgeschlossenheit

1. Die Autofahrer bezahlen über Mineralölsteuer und Kfz-Steuer den Straßenbau. Die Radfahrer sollten endlich auch zur Kasse gebeten werden.
2. Für mich gibt es nur klassische Musik/nur Popmusik/nur Jazz.
3. Frauen können nun mal besser kochen, aber eben auch schlechter einparken.
4. Ich gehe gerne italienisch, griechisch oder türkisch essen.
5. Ich empfinde es als Zumutung, dass man sich beim Besichtigen von Moscheen die Schuhe ausziehen soll.
6. Wenn mich jemand nicht grüßt, grüße ich das nächste Mal auch nicht mehr.
7. Europäische Ehepartner kann ich mir für meine Kinder vorstellen, aber bei Afrikanern tue ich mich noch schwerer.
8. Die ganzen deutschen Touristen auf Mallorca gehen mir auf die Nerven.

Wenn uns an jemandem etwas stört, sollten wir bedenken, dass wir uns zu anderen Zeiten vielleicht in einer ganz ähnlichen Situation befunden haben oder selbst einmal in eine ähnliche Situation geraten können.

Beispiel

Als Autofahren stören Sie sich vielleicht am undisziplinierten Verhalten mancher Radfahrer. Sitzen Sie dagegen auf dem Rad, regen Sie sich über die Rücksichtslosigkeit der Autofahrer auf.

Tipp Nehmen Sie in Gedanken die Position des anderen ein und versuchen Sie zu verstehen, warum er gerade so reagiert. Das hilft uns auch in einem ganz anderen Bereich erfolgreichen Handelns, nämlich beim Verhandeln und Konfliktlösen.

Leben bedeutet Vielfalt, Konformität erzeugt Langeweile. Wissen Sie, wie wir Deutsche im Ausland häufig gesehen werden? Als fleißige, ernste Besserwisser. Können Sie sich damit identifizieren?

Erfolgreich kommunizieren

Eng verknüpft mit erfolgreichem Handeln ist eine gute Kommunikation mit anderen. Erfolgreiche Menschen beziehen klar Position. Sie benutzen die Ich-Form und sagen konkret, was sie wollen. Die Zuhörer sind frei, sich dieser Meinung anzuschließen oder sich zu distanzieren. Gleich ob Vorgesetzte, Kollegen, Mitarbeiter, Kunden, Familienmitglieder, Freunde oder Nachbarn: eine freundliche, klare Aussage ermöglicht allen Menschen, Ihre jeweilige Position zu erkennen und sich darauf einzustellen.

Beispiel

Herr Junkers fragt seinen Kollegen Dillmann, ob er mal für eine halbe Stunde sein Telefon übernehmen könnte. Dillmann antwortet: „Das würde ich gerne tun, aber ich habe in einer halben Stunde eine Präsentation und muss noch einiges vorbereiten. Fragen Sie doch mal bei Herrn Früh, der hat glaube ich gerade etwas Luft."

Freundlich, aber bestimmt

Ein weiterer zentraler Punkt, aber immer noch zu wenig beachtet: Freundliche Menschen sind erfolgreicher. Sie vermitteln ihrem Gegenüber: du bist o. k.! So entsteht eine kommunikative Basis, auf der man auf gleicher Ebene spricht. Diejenigen, die andere von oben herab behandeln, mögen sich zwar gegenüber Schwächeren durchsetzen, genießen aber keine Akzeptanz und keine wirkliche Unterstützung.

Umgekehrt erzielt man durch Unterwürfigkeit keine Wertschätzung. Ziel aller Kommunikation sollte daher stets eine Begegnung in Augenhöhe sein. Nachfolgend finden Sie eine Zusammenfassung der wichtigsten Regeln für erfolgreiche Kommunikation, die entscheidend sind in Momenten, wenn Sie andere überzeugen müssen. Wer sich mit diesem wichtigen Thema genauer befassen möchte, sei auf das Literaturverzeichnis verwiesen.

Grundregeln für eine erfolgreiche Kommunikation:
- Ein Lächeln signalisiert Freundlichkeit und schafft eine entspannte Atmosphäre – auch wenn man es nicht sieht, wie z. B. am Telefon!
- Sprechen Sie verständlich und akzentuiert. Vermeiden Sie unverständliche Begriffe ebenso wie eine zu leise oder unverständliche Aussprache.
- Unterstützen Sie Ihre Aussage durch eine aufrechte, gesammelte Körperhaltung. Vermeiden Sie insbesondere bei Vorträgen nervöses Fuchteln mit Armen oder Händen ebenso wie Hin- und Herlaufen. Nehmen Sie immer wieder Blickkontakt mit Ihrem Gesprächspartner auf.
- Senden Sie Ich-Botschaften. Vermeiden Sie dazu verallgemeinernde Aussagen mit „man“, „wir“ und „es“. Erst mit der Ich-Form signalisieren Sie, dass Sie auch hinter Ihrer Aussage stehen. Zugleich grenzen Sie diese subjektiv ab, so dass die Zuhörer sich nicht davon vereinnahmt fühlen.
- Sagen Sie nur, wovon Sie auch wirklich überzeugt sind. Die Zuhörer spüren mögliche Unstimmigkeiten und werden Ihnen nicht glauben.
- Informieren Sie sich gründlich, bevor Sie etwas behaupten.
- Bleiben Sie in Diskussionen sachlich und beim Thema. Werden Sie nicht persönlich. Trennen Sie dazu sorgfältig zwischen Person und Meinung bzw. Handlung.
- Vermitteln Sie eine positive Einstellung zu sich und zum Gesprächspartner. Dieser wird Sie erst dann anerkennen, wenn er sich selbst anerkannt fühlt.
- Berücksichtigen Sie die Bedürfnisse, Wünsche, Ängste, Probleme und Zwänge Ihres Gegenübers. Versuchen Sie, sich in seine Position hineinzuversetzen. Beachten Sie sozusagen den Nutzenaspekt, den Ihr Partner vom Gespräch hat.

- Holen Sie Ihre Gesprächspartner da ab, wo sie sich gerade befinden: durch eine nachvollziehbare Argumentation, verständliche Sprache und logischen Hinführung zu Ihrem Thema. Bedenken Sie vor allem, dass nicht jeder so vertraut mit Ihrer Thematik ist wie Sie.
- Argumentieren Sie bündig und nachvollziehbar. Verzichten Sie auf alles Überflüssige, vergessen Sie aber auch keine wichtigen Aspekte.
- Hören Sie aufmerksam zu und lassen Sie andere ausreden.
- Stellen Sie Gemeinsamkeiten mit Ihrem Gegenüber heraus.
- Klären Sie Unklarheiten durch Nachfragen. Fassen Sie die Gesprächsergebnisse zusammen und lassen Sie sich diese bestätigen.

Diese Kommunikationsregeln helfen Ihnen, andere für sich und Ihre Sache zu gewinnen und dadurch Ihre Ziele umso leichter und schneller zu erreichen.

Übung 78: Du-Botschaften in Ich-Botschaften übersetzen

Übersetzen Sie die Aussagen in den drei folgenden Situationen in Ich-Botschaften. Stellen Sie also nicht in den Fokus, was der andere falsch gemacht oder falsch verstanden hat, sondern wie oder warum Sie die Sache (be-)trifft. Gleichzeitig sollen Sie versuchen, die enthaltene emotionale Botschaft in der Du-Botschaft zu versachlichen, ohne dabei Ihr Ziel aus den Augen zu verlieren. Beispiel: Sie haben sich zum Konzert verabredet, Ihr Partner kommt zu spät. Nun müssen Sie sich beeilen. Du-Botschaft: „Du kommst ja schon wieder zu spät, jetzt aber dalli." Ich-Botschaft: „Ich bin schon seit 10 Minuten hier. Jetzt müssen wir uns beeilen."

1. Sie wollen ein Projekt durchsetzen, spüren aber Widerstand bei Kollegen. Du-Botschaft: „Sie wollen das Projekt ja gar nicht realisieren."
2. Meeting, die Zeit ist schon überschritten, Sie wollen abkürzen. „Kommen Sie jetzt mal zur Sache, die Sitzung dauert ja sonst noch ewig."
3. Ein Projekt. Ihr Mitarbeiter hat geschludert. „Mit solch schlampiger Arbeit bringen Sie noch den ganzen Terminplan in Gefahr!"

Glänzen Sie durch Zuverlässigkeit

Nehmen Sie sich Zeit für andere, halten Sie sich an gemeinsame Termine. Dadurch signalisieren Sie anderen Menschen, dass sie Ihnen wichtig sind und nicht nur ein lästiger Termin, der noch eingeschoben werden musste. Erfolgreiche Menschen sind pünktlich und entschuldigen sich für eine unvermeidliche Verspätung – auch als Vorgesetzte.

Ein besonderes Gewicht bekommt die zeitliche Zuverlässigkeit, wenn es darum geht, dass eine geforderte Leistung nur zu einem ganz bestimmten Termin erbracht werden kann. Denken Sie nur an den Fotografen, der zu spät zur Sonnenfinsternis kommt! Termine einzuhalten ist eine wichtige Voraussetzung für den beruflichen Erfolg.

Stehen Sie zu Ihren Zusagen und erledigen Sie Ihre Aufgaben fristgerecht und inhaltlich korrekt. Bedenken Sie, dass Ihre Vertragspartner fest mit Ihren Leistungen rechnen, ja oftmals sogar darauf angewiesen sind, um ihrerseits Zusagen gegenüber Auftraggebern einhalten zu können. Je nach Situation kann daran die Zukunft eines ganzen Unternehmens hängen. Wer enttäuscht wurde und es sich leisten kann, wechselt zu einem zuverlässigeren Anbieter, auch wenn er dafür etwas mehr bezahlen muss.

Damit sind wir beim nächsten Punkt, nämlich der Zahlungsmoral. Genau so selbstverständlich wie Leistungs- und Terminzusagen sind auch Zahlungsziele einzuhalten. Zu einer vertrauensvollen Basis gehört, dass wir dem Gegenüber Wertschätzung und Anerkennung entgegen bringen. Das kann einerseits durch Lob und Dank erfolgen, andererseits eben durch eine prompte und korrekte Bezahlung. Damit signalisieren Sie: Gute Arbeit ist gutes Geld wert. Umgekehrt bekommt der Rechnungssteller durch eine lange Zahlungsverzögerung vermittelt, dass seine Leistung nicht wert ist entlohnt zu werden, bzw. die Leistung von untergeordneter Bedeutung ist. Zudem bedeutet es eine Erniedrigung, sich (wiederholt) in eine Bittstellerrolle begeben zu müssen, um den rechtmäßig zustehenden Lohn endlich ausgezahlt zu bekommen. Und schließlich können mehrere und längere Zahlungsverzögerungen existenziell bedrohlich werden und zum Konkurs des Geschäftspartners führen.

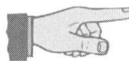

Tipp Wer prompt bezahlt, profitiert selbst davon. Zum einen schafft Zuverlässigkeit die Basis für erfolgreiche gemeinsame Geschäfte, zum anderen motiviert man den Vertragspartner für weiteres Engagement zugunsten guter Ergebnisse. Und schließlich sparen Sie selbst viel Zeit und Kosten. Denken Sie an die Bearbeitung und Verwaltung offener Rechnungen, die spannungsgeladenen Gespräche mit Gläubigern, die Suche nach neuen Anbietern, wenn die alten letztlich abspringen.

Übung 79: Defizite beheben

Gehen Sie Ihre Aufträge und Ihre Kunden durch. Gab es Probleme mit der Zuverlässigkeit? Auf welcher Seite? Machen Sie nachfolgend Ihre Notizen:

1. Wo hat es Probleme mit der termingerechten Lieferung oder Bezahlung gegeben?

_____

2. Sind daraus Spannungen oder Konflikte entstanden?

_____

3. Welche Möglichkeiten sehen Sie, etwas dagegen zu tun?

_____

4. Setzen Sie sich hier einen Termin für die Behebung terminlicher Probleme (soweit dies in Ihrem Einflussbereich liegt):

_____

Betreiben Sie Selbstmarketing!

Marketing ist die Ausrichtung des Angebots an den Bedürfnissen der Abnehmer. Das gilt für Waren wie für Dienstleistungen – und eben auch für die Anbieter selbst. Ganz gleich, ob Sie sich karrieremäßig günstig positionieren oder in Ihrer Selbständigkeit gut verkaufen wollen: Setzen Sie sich ins rechte Licht, damit man Sie nachfragt! Denn schließlich ist das die Voraussetzung dafür, dass Sie in der von Ihnen angestrebten Weise und Position tätig werden können. Lassen Sie uns dazu ein Denkspiel machen:

Übung 80: Wie sind Sie positioniert?

Stellen Sie sich vor, Sie sind ein Produkt und wollen, dass man Sie kauft! Wie sehen Sie sich dabei und was ist Ihr besonderer Nutzen für den Kunden? Gehen Sie die entscheidenden Fragen der Reihe nach durch:

Was ist Ihr USP, Ihr einzigartiges Produktversprechen? Orientieren Sie sich dabei an den Ergebnissen aus der Übung 69. Ihre herausragenden Fähigkeiten (Noten 1 und 2) bestimmen Ihren Produktnutzen. Verknüpfen Sie dazu Ihre Spitzenwerte und formulieren Sie den USP kurz in der Art von: „zuverlässiges und kreatives Organisationstalent mit Führungsqualitäten".

_____

Können Sie daraus nun einen Namen generieren? Der durchsetzungsstarke Ellbogentyp könnte sich „Bulldog", der Schüchterne, Zurückhaltende „Vergissmeinnicht", der umsichtige Planer „Organisatorix" nennen.

Mein Produktname: _____

Welche Verpackung passt zu Ihnen? Beutel, Karton, Kiste, Dose, Flasche, Zerstäuber, Klarsichtfolie, Alupapier, Tube, oder Koffer? Ist es ein edles Design, eine zweckmäßige Box oder eine umweltfreundliche Verpackung aus Naturmaterialien?

_____

Wie ist Ihr Angebot qualitativ aufgemacht? Das verlockende Sonderangebot, die süßeste Versuchung, die edle Marke, die praktische Vorratspackung, die günstige Notlösung, die schnelle Hilfe, der zuverlässige Partner, die interessante Wundertüte?

_____

So wie Sie sich hier präsentieren, wollen Sie vielleicht auch auf andere wirken. Dazu müssen Sie Sympathien gewinnen, und dabei gilt beruflich wie privat: Der erste Eindruck zählt! Unsere Umwelt macht sich innerhalb nur weniger Minuten ein recht umfassendes Bild von uns, dem wir uns später kaum noch entziehen können. Wer erst einmal als bequem oder unordentlich eingestuft wurde, wird sich von dieser Bewertung nur schwer wieder frei machen können. Das liegt daran, weil jeder Mensch instinktiv nach Argumenten sucht, die seine bereits bestehenden Thesen festigen. Und die findet er mit Sicherheit auch in Ihrem Fall.

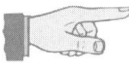

Tipp Achten Sie auf Ihr Äußeres: Dazu gehören Rasur, Frisur, Fingernägel und Haltung wie auch die Wahl und der Zustand unserer Garderobe. Wer nachlässig mit seinem Äußeren ist, dem wird auch eine Nachlässigkeit bei seiner Arbeit unterstellt. Wer sich streng und korrekt kleidet, der wird beruflich ebenso eingeschätzt. Kleider machen Leute, auch wenn wir uns wünschen, durch unsere inneren Werte zu überzeugen.

Neben einem guten optischen Eindruck zählen natürlich auch Umgangsformen. Wie Sie korrekt reagieren bei Begrüßung und Vorstellung, wie Sie sich am Tisch benehmen und wie Sie mit Titeln umgehen, wissen Sie vermutlich bereits. Ansonsten: Es gibt genügend Bücher und Seminare zur Etikette – denn Knigge boomt!

So wie es nicht zu empfehlen ist, zu wenig Rücksicht auf die Erwartungen bzgl. unseres Erscheinungsbildes zu legen, so ist es umgekehrt unvorteilhaft, sich in einer Norm völlig aufzulösen. Treiben Sie die Anpassung nicht bis zur Selbstaufgabe! Viele Menschen neigen dazu, alle (auch imaginäre) Anforderungen und Erwartungen erfüllen zu wollen. Sicherlich ist es sinnvoll, sich zu informieren und zu orientieren, was allgemein erwartet wird. Aber selbst eine perfekte Anpassungsstrategie wirkt nicht überzeugend, wenn Sie nicht selbst dahinter stehen. Letztlich haben wir die besten Erfolge, wenn wir unsere ureigenen Fähigkeiten entwickeln. Und die dürfen durchaus auch äußerlich als persönliche Note erkennbar sein.

Ab ins Networking!

Niemand beherrscht alles perfekt. Daher ist es nützlich, auf ein großes Netzwerk von Spezialisten und Beratern zurückgreifen zu können. Dadurch gleichen Sie Ihre Schwächen geschickt aus und erhöhen Ihre Leistungsfähigkeit, quantitativ wie qualitativ. Viele Ziele werden überhaupt erst durch die Unterstützung anderer erreichbar.

Die Vorteile von Networking
- Hilfe bei schwierigen Entscheidungen
- Unterstützung bei Problemlösungen
- Unterstützung bei Meinungsbildungsprozessen
- Informationsgewinn, Ideenaustausch

- Verbesserung eigener Ideen
- leichteres Durchsetzen von Zielen
- fachliche Ergänzung
- unkompliziertere Zusammenarbeit
- konstruktive Kritik
- Erzielen besserer Ergebnisse
- Unterstützung bei beruflicher Umorientierung

Über geschickte Strategien zum Aufbau und zur Pflege von beruflichen Kontakten wurde viel geschrieben. Auf den Punkt gebracht bedeutet Networking, sich zu überlegen, wie man anderen nützen kann. Machen Sie sich also in erster Linie Gedanken, welche Unterstützung Sie für andere leisten können. Jeder Einsatz für andere ergibt einen kleinen Bonus. Dabei sammeln Sie besonders viele Bonuspunkte, wenn Sie nicht warten, bis Sie um Hilfe gebeten werden, sondern wenn Sie eigeninitiativ tätig werden. Bieten Sie einfach Ihre Unterstützung an, wenn Sie merken, dass jemand diese braucht. Achten Sie aber darauf, sich nicht um jeden Preis aufzudrängen. Erkennen Sie Grenzen an, innerhalb derer der andere keine Einmischung von außen wünscht. Respektieren Sie die Privatsphäre ebenso wie berufliche Territorien, wie Sie Ihren eigenen Bereich eben auch geschützt sehen wollen. Akzeptieren Sie dabei insbesondere ein anderes Maß, als Sie es von sich selbst kennen.

Was Sie anderen geben können und sollten, um gute Beziehungen aufzubauen, sind:
- persönliche Anerkennung
- Interesse an beruflichen wie auch privaten Problemen
- Rücksichtnahme auf persönliche Interessen
- Informationen, Tipps
- Hilfsbereitschaft, Unterstützung
- Zuverlässigkeit und Kontinuität
- Wertschätzung der erbrachten Leistung, Dank

Tipp Seien Sie offen für neue Kontakte und pflegen Sie die bestehenden regelmäßig. Werden Sie von sich aus aktiv, erwarten Sie nicht, dass andere sich bei Ihnen melden. Dadurch zeigen Sie, dass Ihnen der Kontakt wichtig ist.

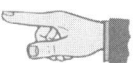

Erkundigen Sie sich nach dem persönlichen Wohlergehen, wenn Sie zuvor bereits über private Themen gesprochen hatten. Dabei ist es natürlich von Vorteil, wenn Sie sich noch an Details wie die Namen der Kinder oder beispielsweise die Erfolge im Sport erinnern können. Da dies nicht jedem leicht fällt, empfiehlt es sich, Notizen dazu auf einem Karteikärtchen anzulegen. Details signalisieren Ihrem Gegenüber, dass Sie gut zuhören und sich ernsthaft für seine Belange interessieren.

Erinnern Sie sich nicht immer nur dann an andere, wenn Sie zufällig gerade Unterstützung brauchen. So ein Verhalten wird Ihnen zwar in aller Regel verziehen, aber bestimmt nicht angerechnet. Bemühen Sie sich vielmehr um eine gute Position in der Wertschätzung anderer. Und die erreichen Sie in erster Linie, wenn Sie sich für deren Bedürfnisse und Probleme stark machen. Finden Sie dazu zunächst einmal Gemeinsamkeiten heraus, über die Sie sich austauschen können.

Beispiel

Vielleicht können Sie wertvolle Tipps oder gute Kontakte vermitteln. Oder Sie treffen sich auf einer Veranstaltung, die Sie beide interessiert, sei es eine Segelregatta, ein Golfturnier, eine Modellbaumesse oder ein Fußballspiel. Vielleicht besorgen Sie Karten oder bieten eine Mitfahrgelegenheit an.

So schaffen Sie ein Vertrauensverhältnis, das darauf gründet, dass andere Menschen gute Erfahrungen mit Ihnen machen und Sie nach den archaischen Kategorien als „freundlich gesinnt und nützlich" einstufen.

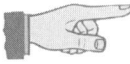

Tipp Auch wenn dies nahe liegt – verrechnen Sie Leistung und Gegenleistung nicht wie Soll und Haben. Erwarten Sie daher auch nicht immer prompt eine Gefälligkeit, wenn Sie eine erwiesen haben. Letztlich ist nur wichtig, dass sie in einer strategisch wichtigen Situation auf einflussreiche Menschen zurückkommen können, die Ihnen gerne weiterhelfen.

So gewinnen Sie Unterstützung

Networking hat auch seine Grenzen. Selbst wenn Sie Befürworter für Ihre Sache gefunden haben – nicht alle Mentoren haben so viel Macht, Ihre Interessen einfach durchzuboxen. Also müssen Sie auch dort um Unterstützung kämpfen, wo Sie nicht auf Anhieb zu erwarten ist.

Um andere für Ihre Interessen zu gewinnen, bietet sich ein dreistufiges Vorgehen an:

1. Sie sammeln Informationen und Argumente.
2. Sie entwickeln eine Strategie.
3. Sie werben für Unterstützung Ihrer Ideen.

Beim ersten Schritt ist es wichtig, dass Sie möglichst unangreifbare Fakten aus allgemein anerkannten Quellen sammeln. Machen Sie sich zum Spezialisten, studieren Sie die relevanten Fachbeiträge zum Thema, besuchen Sie Fortbildungsmaßnahmen oder lesen Sie Fachbücher. Ihr Ziel sollte es sein, dass Sie in fachlicher Hinsicht mit jedem in eine Diskussion einsteigen können. Das wird von Ihrem Umfeld intuitiv wahrgenommen, so dass Sie sich einige Überzeugungsarbeit sparen, wenn Sie nur fachlich kompetent genug auftreten. Bewerten Sie Ihre Argumente nicht nur nach der Frage, inwieweit diese Ihre eigenen Bestrebungen unterstützen, sondern gerade auch danach, welcher Nutzen sich daraus für die anderen Beteiligten ableiten lässt. Sie wissen ja: die besten Lösungen sind die, die allen nützen – ein wesentlicher Faktor für Akzeptanz.

Tipp Informieren Sie sich über die Entscheider! Welche Interessen verfolgen sie und welche Bedeutung messen sie Ihrem Vorhaben bei. Ebenfalls wichtig: welche Emotionen regieren das Geschehen?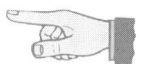

Um Ihre Argumente nicht nutzlos verpuffen zu lassen, entwickeln Sie eine Strategie. Überlegen Sie sich, welche Punkte Sie als Trumpf im Ärmel behalten wollen, um bei einem schwankenden und uneinheitlichen Stimmungsbild im entscheidenden Moment den Ausschlag zu Ihren Gunsten zu wenden. Für größere Umwälzungen brauchen Sie mehr Zeit als für kleinere Maßnahmen. Beginnen Sie daher frühzeitig mit den Vorbereitungen Ihrer „Kampagne in eigener Sache". Bei der Werbung für Unterstützung versuchen Sie zunächst Nahestehende von Ihrer Idee zu begeistern. Dabei sehen Sie schnell, welche argumentativen Hürden Sie noch bewältigen müssen, um auch die strategischen Gegner überzeugen zu können. Beginnen Sie die allgemeine Debatte mit einleuchtenden Argumenten, die für jeden leicht nachvollziehbar sind, und versuchen Sie, darüber gemeinsamen Konsens zu erzielen. Darauf aufbauend begründen Sie nun Ihre Folgerungen und logischen Schlüsse. In Ihrer strategischen Vorbereitung haben Sie sich bereits auf mögliche Gegenargumente und Einwände vorbereitet, so dass Sie diese aufgreifen und würdigen können, aber gute (bessere) Gründe für Ihre Idee entgegen halten. Wenn es schließlich an die Beschlussfassung geht, bringen Sie ein wichtiges Argument möglichst direkt vor der Abstimmung ein!

Um Ihre Ideen durchzusetzen, ist es wichtig, fachlich und „sozial" an den richtigen Schrauben zu drehen. Niemand wird Ihre Anliegen gerne unterstützen, wenn er sich von Ihnen nicht respektiert und geachtet fühlt. Schaffen Sie daher in Ihrem Umfeld allgemein eine Atmosphäre, die von Verständnis, Wertschätzung und Unterstützung geprägt ist. Helfen Sie anderen, schaffen Sie Netzwerke, so können Sie Ihrerseits auch auf Unterstützung rechnen.

Übung 81: Wissen Sie's noch?

Hier können Sie testen, inwieweit Sie die Grundaussagen zu den wichtigsten Erfolgsfaktoren bereits verinnerlicht haben. Wenn Ihnen die Inhalte noch präsent sind, ergänzen Sie die folgenden Aussagen mit Leichtigkeit:

Unser Erfolg folgt der inneren _____ .

Verantwortung übernehmen bedeutet mutig sein, _____

zu tragen, die sich aus unserem _____ ergeben.

Toleranz ist die _____ für andere Meinungen und der

_____ auf Vorurteile.

Wer erfolgreich sein will, bündelt seine _____ und

_____ auf sein _____ .

Offenheit bedeutet, neue _____ zu beschreiten, auf

sichere _____ zu verzichten und sich einer

_____ auszusetzen.

Ziel aller Kommunikation sollte stets eine Begegnung in _____

_____ sein.

Konzentrieren Sie sich auf den _____ für Ihren Gesprächs-

partner.

Konsequenz führt durch Übereinstimmung von Wollen und _____ zu einer

hohen Glaubwürdigkeit.

Wer sich selbst akzeptiert, gewinnt an _____ und kann seine

_____ vom Leben realisieren.

Eine _____ zwischen Zielen und Handeln ist für Führungs-

kräfte besonders wichtig, denn sie erfüllen eine _____funktion.

Durch ein Netzwerk erfahren Sie _____ bei Problemlösungen

und erhöhen Ihre _____ .

Rücksichtsloses Durchsetzen bringt nur kurzfristigen _____ .

Abschlussübung

Sie erinnern sich an die Übung zu Ihren persönlichen Zielen am Anfang des Buches? Nach der Lektüre entscheiden Sie jetzt, welche Ziele
Sie in den nächsten drei Monaten erreichen wollen. Machen Sie dafür
eine Liste mit den Dingen, die Sie schaffen wollen, neue Pläne, aber
auch solche Aufgaben, die bislang unerledigt oder nicht zu Ende geführt liegen geblieben sind. Sicherlich fallen Ihnen nicht nur Dinge
ein wie der tropfende Wasserhahn oder die Steuererklärung, sondern
auch größere persönliche Projekte, mit denen Sie endlich beginnen
wollen. Tragen Sie diese Dinge alle in die folgende Tabelle ein und
überlegen Sie anschließend, was Ihnen davon wichtig ist.

Lebensbereich	Vorhaben	Bewertung
Beruf		
Persönlich		
Beziehung		
Familie		
Hobby		
Kontakte		
Fortbildung		
Haus, Wohnung		

Sortieren Sie nun aus: Was wollen Sie nicht weiter betreiben, sei es, weil Sie keinen Sinn mehr darin sehen, Zeit dafür zu opfern, oder weil Ihnen die Aufgabe zu schwer erscheint? Überlegen Sie weiter, welche Dinge wichtig und daher unbedingt zu erledigen sind. Die dritte Kategorie sind Dinge, die sinnvoll sind und angepackt werden sollen, wenn genügend Zeit dafür vorhanden ist. Dazu tragen Sie in die rechte Spalte entsprechende Buchstaben ein.

A = aufgeben, abbrechen, keine Zeit darauf verschwenden

W = wichtig, unbedingt erledigen: möglichst gleich damit beginnen

S = sinnvoll, aber nicht notwendig: angehen, wenn Zeit übrig ist

Entscheiden Sie sich nun verbindlich, welche Planung Sie innerhalb des nächsten Monats umsetzen werden. Definieren Sie dafür die Teilziele ebenso wie die konkreten Zwischenschritte. Genauso legen Sie Ihre wichtigen Ziele für die nächsten drei Monate fest. Definieren Sie dabei das Ergebnis und den Weg, also die Aktionen, mit denen Sie Ihr Ziel erreichen wollen. Je genauer Sie Ihre Maßnahmen beschreiben, desto leichter wird Ihnen die Umsetzung fallen. Nutzen Sie dazu die Tabelle aus der Übung 12 (s. S. 46).

Nun machen Sie sich gut gerüstet an die konsequente Umsetzung Ihres Plans. Sie wissen, wie Sie sich vor Ausweichen und Zweifeln schützen können. Erwartete Schwierigkeiten können Sie ebenso benennen wie sich geeignete Gegenmaßnahmen ausdenken. Ihre Motivation halten Sie aufrecht durch Belohnungen für Teilerfolge und durch Visualisieren des angestrebten Ziels (Motivatoren). So gesehen kann eigentlich nichts mehr schief gehen. Ihr Etappenziel: die Erfolgskontrolle in drei Monaten!

Nehmen Sie abschließend Ihren Kalender zur Hand. Schlagen Sie ihn an dem Tag auf, der genau drei Monate nach dem heutigen liegt. Für diesen Tag tragen Sie ein: ERFOLGSKONTROLLE. In drei Monaten prüfen Sie dann, ob die definierten Ziele noch gültig sind und wie weit Sie Ihren Zielen näher gekommen sind. Nutzen Sie diese Chance, Ihre Erfolge objektiv zu messen.

Bewahren Sie Ihre Zuversicht, auch wenn nicht gleich alles perfekt gelingt!

Anhang

Lösungen

Nachfolgend erhalten Sie zu den Übungen, auf die im Verlauf der Lektüre nicht direkt eingegangen wurde, Anmerkungen, Lösungen und Vorschläge. Diese haben in erster Linie das Ziel, Ihre Auswahl zu reflektieren und Anregungen zu geben. Bewusst wurde auf das altbekannte Richtig-Falsch-Schema verzichtet, ebenso auf leicht durchschaubare Punktsysteme (maximale Punktzahl ist gleich gute Wertung), um die Übungen möglichst spannend für Sie zu machen. Vieles im Leben ist – gerade wenn es um eigene Ziele, Entscheidungen und Wege geht – eben sehr individuell und bedarf eines gewissen Spielraumes. Auf Grenzen und Gefahren wird durch entsprechende Anmerkungen hingewiesen. Beachten Sie vor allem, dass mit bestimmten Verhaltensweisen nur Tendenzen aufgezeigt werden – ob diese „richtig" und „falsch" sind, entscheiden letztendlich Sie selbst.

Übung 5: Gehen Sie Ihren Weg?

1. Ihr Pflichtbewusstsein in Ehren, aber sind es tatsächlich Ihre Ziele, die Sie verfolgen? Ein eigenes Ziel erkennen Sie daran, dass es einen gewissen Sog auf Sie ausübt. Fremde Ziele empfindet man i. d. R. dagegen als vielleicht notwendige, aber doch leidige Pflicht.

2. Sicherlich ist es schön, wenn alle derselben Meinung anhängen. Es gibt weniger Auseinandersetzungen und Erklärungsnot. Aber ist es wirklich realistisch, dass mehrere, unterschiedliche Menschen in vielen Fragen die gleiche Meinung vertreten? Und wird das Leben nicht ärmer, wenn die Vielfalt an Lebenskonzepten und Ansichten abnimmt?

3. Leider sind Jobs wie Geigenbauer oder Gärtner nicht so gut bezahlt wie Topmanager. Andererseits: Wer schafft es auf der Karriereleiter tatsächlich bis in die wirklich gut bezahlten Etagen?

4. Das Killerargument schlechthin: Ich kann ja gar nicht anders. Kredite, Miete, Leasing, Alimente – da bleibt wenig Spielraum. Solange wir daran glauben, werden wir uns jeder Änderung hartnäckig verschließen. Aber wenn wir erst erkennen, dass wir auch ohne neue Ledergarnitur und mit einem älteren Auto prima leben können, eröffnen sich plötzlich erstaunliche Handlungsfreiräume.

5. Ein Indiz dafür, dass Sie Ihr Leben bislang fest eingebunden in stabilen Strukturen verbracht haben. Möglicherweise geht es Ihnen damit sehr gut. Andererseits kann aber auch plötzlich der Moment kommen, in dem man meint, etwas ganz grundlegend an seinem Leben verändern zu müssen. Schließlich haben Sie sich dieses Buch gekauft.

6. Viele Menschen denken so. Sie meinen zum Beispiel, ihren Eltern etwas schuldig zu sein, etwa das in jahrelanger harter Arbeit aufgebaute Geschäft fortführen zu müssen. Nichts gegen das Aufrechterhalten von Traditionen, aber wenn Sie nicht von sich aus voll hinter der Sache stehen, tun Sie damit niemandem einen Gefallen. Zahllose Betriebe wurden bereits von Nachfolgern aus der Familie ruiniert. Ein engagierter Insider hätte daraus vielleicht ein blühendes Unternehmen machen können.

7. Ziele bedeuten Veränderung, und davor ein wenig zurückzuschrecken ist normal. Allerdings ist es wie mit dem Radfahren: Irgendwann ist der Zeitpunkt gekommen, da wollen wir es wissen – ohne Stützräder!

8. Sie würden lieber etwas anderes machen? Dann nehmen Sie sich bitte die Freiheit und kümmern sich darum. Sie werden lange warten müssen, bis jemand anderes für Sie diesbezüglich aktiv wird.

9. Sich an anderen zu orientieren, gibt scheinbar Sicherheit – ein natürliches Bedürfnis. Leider ist es zugleich der ärgste Widersacher unserer Freiheit. Überall wo wir anderen folgen, gehen wir nicht den eigenen Weg. Mit allen Konsequenzen.

10. Träume dürfen sehr wohl unrealistisch sein, lassen Sie sich das nicht von so genannten „Realisten" ausreden! Es ist auch immer die Frage, wie man die Dinge benennt: Unternehmen beispielsweise sprechen von „Visionen".

Übung 13: Ziel erreicht?

Für die vorgegebenen Ziele könnten Sie z. B. folgende Kriterien aufstellen:

Ziel	Kriterium
Teamleiter	Beförderung
Fremdsprache lernen	z. B. Comic in der Fremdsprache verstehen
Fitness steigern	z. B. 5 km am Stück laufen und 30 Liegestütze schaffen
mehr Zeit für die Familie	z. B. Zufriedenheit aller Beteiligten erfragen, feste Zeiten einhalten
weniger naschen	z. B. mit einem festgelegten Wochenkontingent auskommen

Übung 14: Schneller entscheiden

1. Eine Langspielplatte hat tatsächlich auf beiden Seiten nur je eine durchlaufende Rille, also zwei.
2. Deutschland hat 16 Bundesländer, aber erst seit 1990.
3. Der 20. Buchstabe im Alphabet ist das T.
4. Stimmt.
5. Unsere Sonne besitzt neun Planeten.
6. Pferde haben an jedem Bein einen Huf und sind deswegen Unpaarhufer.
7. 50 Hertz wäre die korrekte Antwort.
8. Die Japaner fahren links wie die Briten.
9. Ob Sie diese Tatsache als Schande empfinden, entscheiden Sie anhand Ihres ethischen Wertesystems. Auch wird ein Aidspatient die Frage vielleicht anders bewerten als ein Tierschutzexperte. Bei positiver Beantwortung lässt sich lediglich feststellen: Ihr inneres Wertesystem wird gesellschaftlich leichter akzeptiert als bei einem Nein.
10. Auf der Netzhaut wird das Bild unserer Umgebung aufrecht aufgenommen. Durch die Linse wird es umgekehrt und erscheint daher auf den Rezeptoren im Inneren des Auges auf dem Kopf stehend.
11. Fast richtig. Wenn Sie auch die Anfangs- und Endpunkte bepflanzen wollen, sind 52 Bäume erforderlich.
12. Stimmt.

Übung 15: Welche Route ist die beste?

1. Die Autobahnroute ist 50 km länger als der Weg über die Landstraße.
2. Die Reise über die Autobahn ist etwa 10 Minuten schneller.
   150 km mit 100 km/h bedeuten eine Reisedauer von 1,5 Stunden = 1 h 30 min.
   100 km mit 60 km/h ergeben eine Reisedauer von 1,66 Stunden = 1 h 40 min.
3. Auf der Landstraße sparen Sie gegenüber der Autobahn rund 10 Euro.

Sie verbrauchen auf der Autobahn 1,5 x 9 = 13,5 Liter. Macht hin und zurück 27 Liter Benzin. Bei einem Literpreis von 1,10 Euro sind das Kosten in Höhe von 29,70 Euro. Auf der Landstraße entsprechend: 1 x 9 x 2 = 18 Liter für hin und zurück. Die Kosten belaufen sich auf 19,80 Euro.

Hinweis: Der Verbrauch und der Literpreis sind nur erforderlich, um die konkrete Ersparnis zu errechnen. Die Frage, welche Route billiger ist, kann auch ohne diese Angaben beantwortet werden.

Übung 16: Was entscheidet hier?

Aussagen	Ratio	Gefühl	Erfahrung	Intuition	Gewissen
Ich habe keine Lust auf die späte Sitzung.		x			
Der Fusionsvertrag sollte noch einmal gründlich geprüft werden.				x	
Der Einspareffekt ist gigantisch.	x				
Das Veto der Arbeitnehmer wird ihnen noch Leid tun.		x			
Diese Maßnahme hat noch nie geholfen.			x		
Wenn die Umsätze weiter zurückgehen, werden wieder personelle Konsequenzen diskutiert.			x		
Ein so rücksichtsloses Vorgehen ist bei den Tarifverhandlungen nicht zu verantworten.					x

Aussagen	Ratio	Gefühl	Erfahrung	Intuition	Gewissen
Die vorgezogene Bilanzierung schafft uns zusätzliche Spielräume.	x				
Ich schätze die Dunkelziffer auf gut das Doppelte.				x	
Der Großteil der Mitarbeiter wird hoffentlich zustimmen.		x			
Das Ergebnis könnte uns alle überraschen.				x	

Übung 17: Wahr, relevant, richtig?

Die Sätze können alles und nichts besagen. Ihre Entscheidungen sollten Sie jedenfalls nicht auf solch ungenaue Grundlagen stellen.

1. War die Neuverschuldung im letzten Jahr vielleicht außergewöhnlich hoch und in diesem Jahr nur knapp darunter? Außerdem: eine Konsolidierung bedeutet eigentlich einen Abbau der Schuldenlast, und das ist das Gegenteil von Neuverschuldung! Durch das Wort „wahrscheinlich" wird außerdem die Option offen gehalten, die Neuverschuldung sogar über das Vorjahresniveau hinaus zu steigern.

2. Dass das Ergebnis vor Steuern um 3 % gestiegen ist, ist möglich, aber was bedeutet „nach Steuern"? Das sollten Sie wissen bzw. sich mit anderen darauf verständigen.

3. Wer will das beurteilen? Wer kann wissen, wie oft die Bevölkerung vielleicht schon mit viel Glück einer atomaren Katastrophe entgangen ist? Sind Tschernobyl oder Sellafield hier ausgeklammert?

4. Statistiken haben die „wunderbare" Eigenschaft, dass sie so ziemlich alles „beweisen" können, was der Autor möchte. Bei dieser Aussage gilt es zum Beispiel zu recherchieren: Welche Fahrzeuge wurden in die Untersuchung einbezogen: Pkw, Lkw, Busse, Kleinlaster, Motorräder, Militärfahrzeuge? Hat sich die Jahresfahrleistung je Kfz gegenüber dem Vorjahr verändert? Was ist mit der Sicherheit auf anderen Straßen als Autobahnen? Sind die Untersuchungszeiträume vergleichbar? Sind die Unfallzahlen vielleicht sogar gestiegen und nur deren Kosten gesunken? Ist die Bezugsgröße korrekt gewählt? Was ist mit den Unfallkosten je Einwohner oder je Führerscheininhaber?

5. Vorsicht: wer so etwas behauptet, versucht meist nur, andere Lösungen vom Tisch zu kehren. Seine Interessen dabei müssen nicht zwangsläufig der Sache dienen ...

6. Wenn der Minister noch vertrauenswürdig ist ... nicht selten gab es (Ehren-)Erklärungen von Ministern, die nicht mehr haltbar waren.

Übung 19: Best-Case vs. Worst-Case

Best-Case-Szenario

Der Absatz steigt jährlich um 8,4 %, daraus ergibt sich folgender akkumulierter Umsatz in fünf Jahren:

43,36 Mio. Euro (= 40 Mio. Euro + 40 Mio. Euro x 8,4 %)
47,00 Mio. Euro (= 43,36 Mio. Euro + 43,36 Mio. Euro x 8,4 %)
50,95 Mio. Euro (= 47 Mio. Euro + 47 Mio. Euro x 8,4 %)
55,23 Mio. Euro (= 50,95 Mio. Euro + 50,95 x 8,4 %)
59,87 Mio. Euro (= 55,23 Mio. Euro + 55,23 Mio. Euro x 8,4 %)

256,41 Mio. Euro

Im Jahr werden 50 Mio. Euro Lohnkosten gespart, in 5 Jahren also 250 Mio. Euro, die Investitionskosten belaufen sich bestenfalls auf 200 Mio. Euro. Daraus ergibt sich ein Überschuss von:

256,41 Mio. Euro + 250 Mio. Euro – 200 Mio. Euro = 306,41 Mio. Euro

Worst-Case-Szenario

Der Absatz steigt jährlich nur um 1,9 %, woraus sich ein akkumulierter Umsatz ergibt von:

40,76 Mio. Euro (= 40 Mio. Euro x 1,9 %)
41,53 Mio. Euro (= 40,76 Mio. Euro x 1,9 %)
42,32 Mio. Euro (= 41,54 Mio. Euro x 1,9 %)
43,13 Mio. Euro (= 42,34 Mio. Euro x 1,9 %)
43,95 Mio. Euro (= 43,16 Mio. Euro x 1,9 %)

211,69 Mio. Euro

Im ungünstigsten Fall ergeben sich in 5 Jahren nur 200 Mio. Euro Einsparung bei den Lohnkosten, während die Investitionskosten auf 300 Mio. Euro steigen. Damit ergibt sich ein Gewinn von:

211,80 Mio. Euro + 200 Mio. Euro – 300 Mio. Euro = 111,69 Mio. Euro

Ergebnis: Auch im Worst-Case ist noch ein Überschuss zu erwarten. Dies dürfte die Entscheidung für einen Standortaufbau forcieren.

Übung 20: Kleines Quiz

Richtige Lösungen: 1d, 2b, 3d, 4c, 5b.

Übung 25: Logische Analyse

Der erste Verkauf war ein einfacher Tausch von Ware gegen Geld. Der Rückkauf erst brachte einen Gewinn von zwanzig Euro. Aber der zweite Verkauf ist ein Verkauf unter Wert, denn einen Fotoapparat für 285 Euro herzugeben, den man für 300 Euro verkaufen könnte, bedeutet einen Verlust von 15 Euro. In der Summe bleiben dem Fotohändler also noch 5 Euro Gewinn. Könnte man meinen. Korrekt ist aber Lösung E, denn die Frage des Gewinns aus allen Verkäufen lässt sich nur in Zusammenhang mit dem gezahlten Preis für alle Einkäufe klären. Hierzu fehlt jedoch der ursprüngliche Einkaufspreis vor dem ersten Verkauf. Hat der Händler den Apparat beispielsweise für 250 Euro eingekauft, so ermittelt sich sein Gewinn folgendermaßen: Verkaufspreis 300 Euro, Einkaufspreis 250 Euro, Gewinn 50 Euro. Verkaufspreis 285 Euro, Einkaufspreis 280 Euro, Gewinn 5 Euro. Gesamtgewinn: 55 Euro.

Übung 26: Logisches Rätsel

	Golf	Judo	Tennis	Fußball
Montag	0	0	0	x
Dienstag	0	x	0	0
Mittwoch	0	0	0	0
Donnerstag	0	0	x	0
Freitag	x	0	0	0
	Holger	Toni	Jakob	Sven

Übung 27: Sich gegen Zeitdruck wehren

1. Nicht zu empfehlen.
2. Besser Sie sagen konkret, worum es Ihnen geht.
3. Das birgt das Risiko, dass Sie in Ihrer Kalkulation ziemlich daneben liegen.
4. Auch eine Möglichkeit, wenn Sie auch an andere verkaufen können.
5. Im Grunde keine schlechte Idee, wenn alle Beteiligten die Spielregeln kennen. Selbst im viel gerühmten Dienstleistungsparadies USA gelten auch für Kunden klare Regeln. Z. B. weisen Schilder darauf hin, dass kein Anspruch auf Bedienung besteht, wenn der Kunde seinerseits nicht Mindestanforderungen erfüllt: „No shoes, no shirt, no service!"
6. Ihr Kunde wird sich dieser Argumentation kaum entziehen können, kommt sie ihm letztlich doch zugute.
7. Dadurch wird das Problem nur verlagert, nicht aber behoben.

8. Es gibt solche Persönlichkeiten, denen es niemand krumm nimmt, wenn sie einen warten lassen. Falls Sie dazugehören ...

Übung 30: Was ist entscheidungsrelevant?

Maßnahme	Schritt
J) Ich erstelle ein Anforderungsprofil für die zu besetzende Stelle.	1
E) Ich definiere Muss- und Killerkriterien.	2
G) Ich treffe eine Vorauswahl.	3
A) Ich wähle aus den schriftlichen Unterlagen einen offen-sichtlich geeigneten Kandidaten aus, den ich zum Vorstellungsgespräch einlade. Wenn es nicht klappt, weiche ich auf den Nächsten aus.	4

Alle anderen Maßnahmen fallen weg, weil die Kriterien nicht relevant sind oder das Vorgehen unpragmatisch erscheint:

B) Sympathie ist nicht das allein ausschlaggebende Kriterium bei der Stellen-vergabe. Außerdem ist dieses Vorgehen sehr zeitintensiv.

C) Die Besetzung einer wichtigen Stelle sollten Sie zur Chefsache machen.

D) Je nach Stellenprofil eignet sich aber nicht unbedingt ein auffälliger, ex-trovertierter Charakter am besten für den Job.

F) Einem Ausscheidungsverfahren wie bei der Fußball-EM kann man gespal-ten gegenüber stehen.

H) Da nur vier Wochen Zeit sind, scheidet ein Assessment-Center aus.

I) Ein ehrenhafter, um Objektivität bemühter Ansatz, jedoch lässt er andere, mindestens ebenso relevante Auswahlkriterien (Softskills) außer Acht.

Übung 31: Wie gut sind meine Entscheidungen abgesichert?

1. Gut, das hält Sie zeitlich flexibel und ermöglicht Ihnen zu handeln.

2. Besser Sie machen das, als dass es ein anderer tut, der nicht Ihre Ziele ver-folgt.

3. Dieses Vorgehen hat Vor- und Nachteile. Vorteil: es taucht niemand mehr auf, der die von Ihnen geklaute Idee als die eigene ausgibt. Nachteil: Wenn Sie sich früh outen, wird viel Zeit bis zur Entscheidung vergehen. Viel Zeit, um Ihre Idee bis zur Unkenntlichkeit zu verändern, und viel Zeit, zu verges-sen, von wem die Idee ursprünglich eigentlich stammte. Meistens war es dann die Idee Ihres Chefs.

4. Ihr Engagement in Ehren, aber Sie sollten sich gegenüber den Argumenten der anderen nicht verschließen.
5. Wenn das nach reiflicher, vernünftiger Erwägung der Alternativen erfolgt, ist das in Ordnung.
6. Wenn Sie darauf verzichten mögen. Anderen leistet Intuition wertvolle Dienste.
7. Das hilft Ihnen, einen klaren Kopf bei der Bewertung der Alternativen zu behalten und in Diskussionen das Sachliche vom Spekulativen und Emotionalen zu trennen.
8. Bilanzen brauchen Sie nicht, Wahrscheinlichkeitsrechnung ist zur Beurteilung einer Eintrittswahrscheinlichkeit hilfreich, aber nicht unbedingt notwendig.
9. Stimmt. Und gut zu wissen.
10. Besser, Sie würden das Kriterium Konsensfähigkeit gar nicht beurteilen. Sie laufen Gefahr, eine wirklich gute Lösung dadurch zu gering zu bewerten.
11. Ja. Weitere in diesem Buch angesprochene Blockaden sind: Mutlosigkeit und Verwirrung.
12. Ja, leider.

Übung 33: Wie motiviert bin ich?

1. Sie scheinen sehr leicht zu begeistern sein. Achten Sie darauf, sich nicht zu unüberlegt von anderen vor deren Karren spannen zu lassen. Behalten Sie Ihre eigenen Ziele stets im Blick.
2. Mit Motivation ist es wie mit der Liebe, es nützt uns nicht, wenn wir sparsam damit umgehen.
3. Jeder hat seine individuellen Ziele. Prüfen Sie jedoch, ob es nicht vielleicht auch nachhaltigere Ziele für Ihr Leben geben kann als den relativ flüchtigen Genuss.
4. Stimmt.
5. Dann sollten Sie prüfen, ob Sie sich nicht etwas übertrieben einzureden versuchen, was eigentlich gar nicht so gut zu Ihnen passt. Werden Sie vielleicht von einer Gruppe systematisch auf deren Ziele getrimmt? Seien Sie skeptisch, was Jubelpartys mit We-are-the-champions-Absingen betrifft. Vertriebsorganisationen, die nach dem Schneeballprinzip funktionieren (die ersten verdienen üppig, die letzten nur an Erfahrung) zelebrieren sich und ihre Organisation besonders gern, um ihre Gefolgschaft zu motivieren.
6. Ganz ohne Motivation? Wie eine Maschine? Ein sehr mechanistisches Lebenskonzept.
7. Sehen Sie lieber die Chancen dieser unerwarteten Auszeit: mal wieder richtig zur Ruhe kommen, lesen, schreiben, Gespräche...

Übung 34: Wie übernehmen Sie Verantwortung?

a) Sparen Sie sich das als letzten Ausweg auf. Versuchen Sie zunächst, den Mitarbeiter zu fördern und die Gründe für seine mangelnde Leistung herauszufinden.

b) Ihr Chef wird sich bedanken, Ihre Arbeit mit zu übernehmen. Versuchen Sie Ihrer Position gerecht zu werden und lösen Sie Ihre Probleme selbst.

c) Ein Appell an den Teamgeist ist gewiss gut. Achten Sie aber darauf, dass es für die Kollegen zu keiner unangemessenen Dauerbelastung wird!

d) Ja, das ist ein guter erster Schritt. Siehe (a).

e) Das ist korrekt. Lassen Sie Ihre Mitarbeiter nicht auffliegen. Stellen Sie sich vor sie, aber hüten Sie sich auch davor, deren Arbeit letztlich zu übernehmen. Ihr Chef würde das auch nicht tun. Siehe (b).

f) Ja, dadurch können Sie ihn vielleicht motivieren.

g) ... und suchen sich ganz schnell eine unauffällige Sachbearbeiterposition ohne Personalverantwortung? Seien Sie konsequent. Führungsverantwortung macht zum Führen verantwortlich.

Konstruktive Lösungsansätze sind demnach c, d und f.

Übung 35: Wo übernehmen Sie Verantwortung?

1. Ihr Vorgesetzter hält Ihnen vor, dass das letzte Projekt nicht gewinnbringend war. – Sagen Sie Ihrem Chef, dass Sie die Sache analysieren. Suchen Sie nach Ihrem Anteil an dieser Entwicklung und nach Verbesserungsmöglichkeiten. Erstellen Sie einen Maßnahmenkatalog auf der Grundlage der neuesten Erkenntnisse. Seien Sie sich aber auch darüber bewusst, dass das Scheitern eines Projekts meist nicht nur von einer Ursache und einer Person abhängig ist. Belasten Sie sich daher nicht unnötig mit Schuldgefühlen.

2. Sie werden von einem Bekannten angesprochen, dass er Hilfe bräuchte, weil seine Frau gerade wegen einer Operation drei Wochen im Krankenhaus ist. – Überlegen Sie, welche Hilfe Sie anbieten können, ohne Ihre eigenen Verpflichtungen zu vernachlässigen. Entscheidend ist hierbei, wie verpflichtet Sie sich dem Bekannten gegenüber fühlen. Immerhin bringt der Bekannte Ihnen ein gewisses Vertrauen entgegen. Am besten, Sie stellen sich die Situation mit vertauschten Rollen vor. Wie würde der Bekannte auf Ihre Bitte reagieren?

3. Ihr Freund hat niemanden, der sich in seiner Abwesenheit um seinen Hund kümmert. – Freunden gegenüber sollten wir uns grundsätzlich verantwortlich fühlen. Aber auch hier gibt es Grenzen, etwa wenn Sie den Hund nicht ausstehen können. Helfen Sie aber auf jeden Fall, eine gute Lösung für Ihren Freund zu finden.

4. Ihr Nachbar kommt bei einem Verkehrsunfall tragischer Weise ums Leben. Er hinterlässt Frau und drei Kinder. – Verantwortlich sind Sie natürlich nicht an dem tragischen Geschehen, aber würde es Ihnen nicht auch gut tun, wenn Ihr Nachbar Ihnen in einer solchen Situation nach Kräften helfen würde? Auch eine gute Gelegenheit, ansonsten eher anonyme Nachbarschaftsverhältnisse zu intensivieren!

5. Ein kurdischer Asylbewerber verbringt bereits fünf Jahre in einem Wohncontainer und leidet unter der Trennung von seiner Familie. – Dafür ist eindeutig Amnesty International oder die Ausländerbehörde zuständig? Dass es uns gut geht, ist anscheinend schon so selbstverständlich geworden, dass wir das viele kleine und große Leid um uns herum gar nicht mehr wahrnehmen. Das kann nur jeder für sich ändern.

6. Bei der letzten Teamsitzung haben Sie einen Kollegen ungerechtfertig kritisiert. – Wenn Sie der Meinung sind, dass Sie etwas übertrieben reagiert haben, stehen Sie dazu und entschuldigen Sie sich bei dem Kollegen. Achten Sie darauf, dass er im Team keinen Imageschaden davonträgt.

7. Sie haben jemandem die Vorfahrt genommen und dabei einen Auffahrunfall verursacht. Zum Glück blieben Sie unerkannt. – Stehen Sie zu ihrem Fehler und lassen Sie andere nicht auf dem von Ihnen verursachten Schaden sitzen. Die Ausrede, dass es ohnehin die Versicherung zahlt, gilt nicht.

8. Ein Vereinskollege erzählt Ihnen, dass er drei junge Kätzchen hat, die er töten muss, wenn sie niemand nimmt. – Schwierig, aber Sie können nicht alle Kätzchen dieser Welt retten. Vielleicht können Sie diese aber vermitteln. Dann hätten Sie das Gefühl, etwas Gutes getan zu haben. Die Verantwortung bleibt jedoch bei dem Katzenzüchter.

Übung 36: Umgang mit Veränderungen

1. Dadurch haben Sie gute Chancen auf Übernahme, aber eine Garantie ist es leider nicht. Oftmals entscheiden andere Faktoren wie z.B. die Fokussierung aufs Kerngeschäft darüber, ob Abteilungen und Mitarbeiter übernommen werden. Informieren Sie sich, wenn möglich frühzeitig über die Pläne der Geschäftsführung. Wenn Sie nicht selbst gute Kontakte dorthin haben, so versuchen Sie über andere, an solche Informationen heranzukommen.

2. Prüfen Sie zuerst den Wahrheitsgehalt solcher Gerüchte. Wenn Sie ernsthaft damit rechnen müssen, dass Ihre Stelle gefährdet ist, strecken Sie frühzeitig Ihre Fühler nach einer anderen Stelle aus. Dadurch sichern Sie sich einen zeitlichen Vorsprung gegenüber den Ereignissen wie auch gegenüber Mitbewerbern.

3. Sie erkennen die Chancen in der Veränderung und sind damit gut einge-stellt auf künftige Anforderungen. Wenn möglich, arbeiten Sie aktiv mit an der Gestaltung der neuen Realität. Umso mehr wird Ihnen diese ent-sprechen.

4. Beginnen Sie rechtzeitig damit, Ihre Qualifikation hinsichtlich der neuen Unternehmensausrichtung zu checken. Defizite gleichen Sie am besten umgehend mit Hilfe entsprechender Weiterbildungsmaßnahmen aus.

5. Das ist eine pauschale Meinung, die Ihnen nichts bringt. Versuchen Sie Punkte zu finden, die wahrscheinlich durch die Fusion verbessert werden, und arbeiten Sie darauf hin diese zu nutzen.

6. Umstrukturierungen bringen immer Stress mit sich, weil sie die „sicheren", gewohnten Strukturen verändern. Nach einer Konsolidierung der neuen Verhältnisse werden jedoch neue Strukturen entstehen. Nehmen Sie den Prozess als Herausforderung an, dann haben Sie wenigstens positiven Stress.

7. Wenn es sich um ausländische Mitarbeiter handelt, so können Sie Ihre Po-sition auch durch sprachliche Qualitäten verbessern. Machen Sie sich zu-dem mit den Gepflogenheiten des Landes vertraut, in dem Ihr zukünftiger Mutterkonzern seine Wurzeln hat.

8. Gegenüber den Mitarbeitern, die sich „ducken und auf Durchzug schalten", bis alles vorüber ist, ist es bestimmt die wertvollere Strategie, seine Karrie-reziele im Blick zu behalten.

9. Lassen Sie sich nicht von allgemeinen Stimmungen mitreißen. Verschaffen Sie sich lieber selbst einen Überblick über die Fakten, bilden Sie sich eine differenzierte Meinung – so bleiben Sie handlungsfähig.

Übung 37: Schnell und organisiert handeln

Als Erstes überschlagen Sie den erforderlichen Zeitaufwand für alle Aufgaben: in der Summe benötigen Sie für alles zusammen (ohne Abholen der Tochter) knapp zwei Stunden. Bis zum geplanten Feierabend um 18 Uhr haben Sie aber nur noch 1,25 Stunden zur Verfügung. Daraus ergeben sich folgende Möglich-keiten:

1. Sie kümmern sich um alles und werden viel später fertig.

2. Sie delegieren die Dinge, die Sie nicht unbedingt selbst machen müssen.

3. Sie streichen Dinge von Ihrer Liste und erledigen einzelne Punkte entweder gar nicht oder nach Ihrem Urlaub.

Konkret bedeutet das. Sie geben Ihrer Tochter die Handynummern von Bruder und Mutter und sagen ihr, sie soll ein Taxi nehmen, wenn sie niemanden er-reicht. Um einen weiteren Anruf zu sparen, sagen Sie ihr auch, dass es heute bei Ihnen etwas später werden kann. (3 Minuten)

Die Bitte Ihres Chefs kann bestimmt von einem Kollegen oder der Assistentin übernommen werden.

Die Fachzeitschriften müssen vor dem Urlaub nicht gelesen werden, also Aufschub – oder Sie tragen auf der Umlaufliste hinter Ihrem Namen gleich „im Urlaub" ein, denn wenn Sie zurückkommen, gibt es sicher wieder neue Ausgaben.

Die Ablage delegieren Sie an einen Praktikanten oder eine Sekretärin (2 Minuten) – oder verschieben Sie auf Ihre Rückkehr.

Die Anfrage von der Buchhaltung kommt zu spät. Sie schreiben eine kurze Mail, dass Sie im Urlaub sind und die Liste erst danach einreichen werden. (2 Minuten)

Den Rückruf beim Kunden erledigen Sie. (5 Minuten) Falls er nicht erreichbar ist, kommt der Rückruf mit auf die Übergabeliste für die Kollegin.

Die drei Mails lesen Sie noch. Aber nur, was ganz schnell beantwortet werden kann, beantworten Sie auch (Zeitlimit 5 Minuten). Bleiben daraus To Dos bestehen, setzen Sie diese noch mit auf die Liste für die Kollegin.

Wichtig sind also vor allem das Reporting und die Übergabeliste – denn Sie wollen ja, dass nichts anbrennt während Ihrer Abwesenheit. Das Reporting packen Sie am besten gleich an, die Übergabeliste schreiben Sie sinnvollerweise zum Schluss. (45 Minuten) Idealerweise schalten Sie in dieser Zeit Ihr Telefon auf AB.

Ganz zum Schluss schreiben und aktivieren Sie Ihre Abwesenheitsnotiz, schalten den Computer aus und stellen Ihr Telefon auf die Vertretung um (3 Minuten).

Nach diesem Plan werden Sie gut eine Stunde (65 Minuten) brauchen, wenn alles glatt läuft. Der Rest ist Pufferzeit, falls eine Aufgabe doch etwas länger dauert oder Sie gestört werden.

Übung 38: Die sorgfältige Bewerbung

1. … und ein aktuelles Farbfoto im Halbprofil.
2. Keine gute Idee, außer Sie bewerben sich auf eine Stelle, bei der Kreativität das absolute A und O ist.
3. … wenn es denn zu einem Gespräch kommt, nachdem Ihre schriftliche Bewerbung wegen Nachlässigkeit aussortiert wurde. Ein Arbeitgeber geht davon aus, dass Sie sich mit Ihrer Bewerbung optimale Mühe geben.
4. Ja, aber nicht lose!
5. Besser, Sie tun genau das nicht. Argumentieren Sie lieber aus der Perspektive des Empfängers und erzählen Sie ihm, warum er gerade Sie auswählen sollte. Hier sind weniger Ihre Wünsche als mehr Ihre nachweisbaren Fähigkeiten verlangt.

6. Bleiben Sie dezent und farblich zurückhaltend! Keine lila Schnellhefter und keine Aufkleber.

7. Richtig, die Gründe für Ihr Ausscheiden aus dem früheren Unternehmen gehören ins Bewerbungsgespräch – übrigens auch dort: ohne schlecht vom früheren Arbeitgeber zu reden.

Übung 39: Zeit sparen bei Besprechungen

1. Beschränken Sie die Teilnehmerzahl auf das erforderliche Maß. Wenn einzelne Teilnehmer nur bei wenigen Tagesordnungspunkten anwesend sein müssen, setzen Sie diese am besten an den Anfang.

2. Beginnen und enden Sie pünktlich. Definieren Sie eine symbolische, aber wirksame „Strafe" für Zuspätkommen, zum Beispiel eine Runde Eis spendieren.

3. Sorgen Sie dafür, dass alle Teilnehmer rechtzeitig die nötigen Unterlagen erhalten, die sie zur Vorbereitung brauchen.

4. Das Protokoll ist knapp zu halten: Es enthält die wesentlichen Ergebnisse in übersichtlicher Form, etwa als To-Do-Liste (Was? Wer? Termin).

5. Bestimmen Sie einen qualifizierten Moderator, der auch auf die Zeit achtet und zu lange Redebeiträge und Argumentationen, die nichts Neues bringen, abkürzt.

Übung 42: Stress abbauen

Hier ein paar Lösungsvorschläge für die einzelnen Stationen.

1. Wecker: Dem Verschlafen könnte Franziska in Zukunft vorbeugen, indem sie einen zweiten Wecker einsetzt. Und öfter die Wecker-Batterien wechselt.

2. Verkehr: Mit starkem Verkehr muss man morgens immer rechnen. Mit Gelassenheit kommt man zwar auch nicht schneller voran, spart sich aber Nerven – vor allem in Situationen wie der geschilderten. Hier hilft es, wenn man sich kurz aus der Situation herausnimmt und Verständnis entwickelt: Wie würde Franziska selbst auf das Hupen reagieren? Wer auch in anonymen Situationen wie im Autoverkehr ein förderliches Miteinander anstrebt, spart Energie und muss sich nicht ärgern.

3. Verspätung: Franziska sollte im Büro anrufen, dass sie etwas später kommt – vielleicht lässt sich die Sitzung etwas verschieben oder andere TOPs können zuerst besprochen werden. Sie sollte sich entschuldigen und darauf achten, dass sich solche Situationen nicht wiederholen – durch mehr Selbstdisziplin und Organisiertheit.

4. Drucker: Sie bittet eine Sekretärin darum, den Toner nachzufüllen, ihr die Unterlagen zu kopieren und in die Besprechung zu bringen. Außerdem bit-

tet sie darum, dass in Zukunft immer ein neuer Toner unter dem Drucker bereitsteht.

5. Konzentrationsschwierigkeiten: Vielleicht hilft ein kleiner Trick: Franziska macht mit sich selbst aus, den Streit heute Abend anzusprechen. Aber jetzt, sagt sie sich, ist weder der richtige Ort noch die richtige Zeit, darüber lange nachzugrübeln. Zumal sie das Problem ohnehin nicht alleine lösen kann. Sie versucht, durch eigene Beiträge mehr am Geschehen der Sitzung teilzunehmen.

6. Vergessene Quartalszahlen: Beim nächsten Mal setzt sie abends auf eine Liste, was sie am nächsten Tag braucht. Jetzt hilft nur: sich entschuldigen und zum Beispiel anbieten, die Zahlen per E-Mail nachzureichen.

Übung 45: Wie konsequent entscheiden Sie?

1. Bitter, aber konsequent.

2. Im besten Fall erreichen Sie Ihr Ziel, im schlechtesten verlieren Sie weitere 300 Euro. Konsequenz beweisen Sie damit nicht.

3. Ihre Chancen, das „Ziel" von höchstens 200 Euro Verlust zu erreichen, sind besser als bei 2. Aber dafür liegt Ihr drohender Verlust ebenfalls bei insgesamt 800 Euro. Immerhin das Vierfache von dem, was Sie sich als Limit gesetzt hatten. Auch so handeln Sie also nicht konsequent.

4. Das ist sehr inkonsequent, denn sobald Sie weiter spielen, riskieren Sie bereits, die neue Grenze von 500 Euro zu überschreiten.

5. Sie möchten durch eine zweite Inkonsequenz Ihre erste wieder wettmachen. Das ist in etwa so, als wolle man mit einer weiteren Lüge die Wahrheit wieder herstellen. Wenn Sie ehrlich sind, geht es Ihnen nur ums Weiterspielen. Dafür ist Ihnen jeder Vorwand recht.

Außer Antwort 1 sind also alle Verhaltensweisen mehr oder weniger inkonsequent. Wenn Sie zu diesem Verhalten tendieren, nehmen Sie niemals mehr als Ihr Limit mit ins Kasino. Nur so bleiben Sie auch bei Ihren Zielvorstellungen.

Übung 46: Wie stark ist mein Durchhaltevermögen?

1. Das Wort „normalerweise" beinhaltet Ausnahmen. Mal ehrlich, wie viele sind es? Ist es vielleicht eher der Anspruch, den Sie an sich selbst haben – der sich allerdings oft leider nicht so wie gewünscht realisieren lässt, weil die Widerstände zu groß sind oder die Abwicklung zu viel Geduld erfordert? Oder sind die nicht durchgezogenen Vorhaben wirklich die Ausnahme?

2. Die Fähigkeit, ganz in seiner aktuellen Aufgabe aufzugehen, beinhaltet zwei Aspekte: Einerseits brauchen Sie sich nicht bewusst zu Ihrer Arbeit

zwingen, sondern kommen durch Freude an der Aufgabe in den so genannten Flow, was in der Regel zu sehr guten Ergebnissen führt. Andererseits sollten Sie wichtige andere Tätigkeiten darüber nicht vernachlässigen und vor allem auch auf Ausgleich achten.

3. Vermutlich sind Sie ein vielseitig interessierter Mensch, der sich gerne verschiedenen Themen widmet. Das bereichert Ihren Erfahrungsschatz. Jedoch sollten Sie aufpassen, dass Sie sich nicht verzetteln. Denn zu viele Dinge auf einmal zu verfolgen, birgt die Gefahr, dass man keinem der gesteckten Ziele tatsächlich gerecht wird, weder zeitlich noch kräftemäßig. Wenn Ihnen diese Erfahrung bekannt vorkommt, sollten Sie unbedingt das fokussieren, was gerade wichtig ist, und die Dinge nacheinander bearbeiten.

4. Sie haben Recht, wenn Sie etwas aufgeben, das einfach nicht gelingen will und womöglich gar nicht funktionieren kann. Falls es aber doch funktionieren kann, lohnt es sich, weitere Strategien für die Zielerreichung zu überlegen und diese zu testen. Ein später Erfolg ist dann umso befriedigender.

5. Unterschätzen Sie nicht die motivierende Kraft, mit Verbündeten ein gemeinsames Ziel zu erreichen! Andererseits ist es nicht immer möglich, Mitstreiter für die eigenen Ziele zu gewinnen. Dann sind Sie auf sich selbst gestellt und womöglich besser beraten, Ihr Ding allein durchzuziehen.

6. Reflektieren Sie einmal, warum diese Projekte gescheitert sind: Waren es Ihre Ideen, die von anderen nicht angenommen wurden? Waren es fremde Ideen, denen Sie sich angeschlossen haben? Was hat zum Abbruch der Projekte geführt? Lässt sich vielleicht immer ein ähnliches Muster feststellen?

7. Dem Arbeitsfortschritt ist Ablenkung nicht gerade förderlich. Andererseits bringt es auch nichts, sich nur in die Arbeit zu verbeißen und nichts anderes mehr zuzulassen. Maßvolle, zeitlich begrenzte Ablenkung kann auflockernd wirken – man geht danach wieder entspannt an die Arbeit. Begrenzen Sie jedoch strikt das Maß an Ablenkung, z. B. das kleine Schwätzchen zwischendurch auf fünf Minuten.

8. Diese Aussage beinhaltet ein gewisses kämpferisches Element. Aber wenden Sie sich nicht nur gegen die Kritik, sondern bemühen Sie sich auch diese zuzulassen. Bestimmt meint es nicht jeder nur gut mit Ihnen oder Ihrem Projekt, aber genauso wenig meinen es alle nur schlecht. Ihr Projekt kann davon profitieren, wenn Sie fremden Meinungen gegenüber offen sind und diese einfließen lassen.

Übung 51: Büroeinrichtung planen

1. Konzentrieren Sie sich unbedingt auf das Ergebnis: Sammeln Sie Informationen, aber verschwenden Sie keine Zeit. Sie wollen schließlich nicht in zwei Jahren immer noch Kataloge auswerten.

2. Behalten Sie bei delegierten Arbeiten den Überblick! Sich unterstützen zu lassen ist in diesem Fall in Ordnung. Doch ist es Ihre Aufgabe und Ihre Verantwortung, in angemessener Zeit Ergebnisse zu zeigen.

3. Erwarten Sie nicht allzu viel Verständnis, wenn Sie mit der Lektüre von Feng-Shui-Büchern Arbeitszeit verschwenden! Besser, Sie informieren sich privat über das Thema. Mit allgemein anerkannten Methoden gehen Sie auf Nummer sicher.

4. Sich Gedanken über freizuhaltende Wegeverbindungen zu machen ist sicher nicht verkehrt. Aber machen Sie aus einem Büromöbelkauf keinen Staatsakt.

5. Wenn Sie sich von vornherein in Ihrer Lösungsfindung einschränken, werden Sie dürftige Ergebnisse präsentieren – mit entsprechenden Konsequenzen. Seien Sie auch für neue Wege und Lösungen offen.

6. Dieser gesundheitsbewusste Ansatz sollte tatsächlich ein Kriterium sein. Schließlich sind die Möbel für die tägliche Arbeit bestimmt. Aber berücksichtigen Sie auch andere Faktoren.

7. Damit outen Sie sich als Bürokrat. Vermeiden Sie eine Überorganisation.

8. Sehr spontan. Sie verlieren wirklich keine Zeit, aber vielleicht wäre die Sache doch den einen oder anderen Gedanken wert, bevor man einen Fehlkauf „abwohnen" muss. Stellen Sie sicher, dass Sie vor der Entscheidung alle relevanten Aspekte bedacht haben.

9. Bis jeder seinen Senf dazu gegeben hat, sind Sie in Rente. Wenn Sie sich mit dieser Aufgabe positiv profilieren wollen, dann werden Sie aktiv. Stellen Sie allenfalls eine engere Endauswahl zur Diskussion.

10. Sind Sie sicher, dass Sie für diesen Vorschlag Unterstützung erhalten?

11. Ein kluger Zug, denn so können alle Beteiligten nach der Testphase fundierter entscheiden, ob die Möbel sich in der Praxis bewähren. Sie sind die Qual der alleinigen Entscheidung los und haben sich mit diesem Zwischenziel die Gelegenheit für eine Korrektur offen gehalten.

12. Das wird Sie natürlich nicht zum Ziel führen.

13. Gut. Mit den entscheidenden Kriterien im Blick wird die Auswahl effizienter vonstatten gehen – und Sie vermeiden unnötige Diskussionen auf Nebenschauplätzen.

Übung 55: Vor verschlossener Tür

Folgende Strategien sind möglich.

1. Sie lehnen die Leiter an die Hauswand und steigen bis auf die oberste Sprosse. Von hier aus könnte das Balkongeländer für Sie erreichbar sein. Dann brauchen Sie sich nur ein Stück hochziehen, um darüber zu klettern. Eine nahe liegende, pragmatische Strategie.
2. Sie werfen das Seil über das Geländer und befestigen es an der obersten Sprosse. Nun straffen Sie es, bis die Leiter senkrecht gehalten wird. Das Seil muss nicht Ihr Gewicht tragen, sichert aber die Leiter. Eine kreative, aber etwas waghalsige Lösung.
3. Sie checken die Kellerfenster und gehen anschließend zum Nachbarn, um den Schlüsseldienst anzurufen. Die komfortable Strategie für Leute ohne Handy.
4. Sie ziehen Ihr Handy aus der Tasche und rufen Ihren Partner an. Bis er kommt, setzen Sie sich zum Nachbarn in den Garten. Eine soziale und Kosten sparende Lösung.
5. Sie lesen die Aufgabenstellung aufmerksam durch und ziehen Ihren Hausschlüssel aus der Tasche. Schließlich stand nirgends, dass Ihr Schlüssel sich im Haus befindet. Die analytische Strategie.

Übung 58: Erfolgreich delegieren

Maß, Kernaufgaben, richtigen, unterstützen, regelmäßige, kontrollieren, keine, Führungskompetenz

Übung 61: Kritik annehmen

1. Diese Reaktion ist sehr impulsiv. Dass Sie sich damit keine Freunde machen, ist Ihnen klar. Wenn Sie oft impulsiv handeln, dann werden Sie in Ihrer Umgebung auf Ablehnung stoßen. Suchen Sie nach gemeinsamen Lösungen – auch wenn es schwer fällt.
2. Ihre Gegenfrage wird beim Chef als unterschwellige Kritik ankommen, denn Ihren Groll werden Sie nicht wirklich verbergen können. Dadurch wird die Atmosphäre noch angespannter. Ihr Chef wird versuchen, sich dieser unangenehmen Situation zu entziehen und Sie verlieren an Sympathie und Unterstützung.
3. So legen Sie sich mit dem Kollegen an, der nichts für die Entscheidung des Chefs kann. Bleiben Sie beim Thema und bringen Sie positive Aspekte Ihres Entwurfs vor. Fragen Sie nach den Gründen für die ablehnende Haltung.
4. Wenn Sie diese Beobachtung auch an anderer Stelle verstärkt machen, wird es Zeit für Verbesserungsvorschläge. Überlegen Sie, wie Sie die Situation für sich selbst angenehmer machen können. Wenn Sie sich mit der

Unternehmensphilosophie nicht arrangieren können, denken Sie über Alternativen nach.

5. Machen Sie es sich zum Prinzip, nie etwas Nachteiliges über jemanden zu sagen, was Sie ihm nicht auch direkt sagen würden. Schließlich wissen Sie nie, wo Ihre Äußerungen einmal wieder auftauchen werden. Was Sie direkt sagen, ist Krititk, was Sie indirekt äußern, erhält schnell den Eindruck von „Anschwärzen".

6. Vorsicht: Ihr Chef mag in manchen Dingen tatsächlich wenig Fachkompetenz besitzen, aber er hat die Entscheidungskompetenz. Sie würden sich so einen Vorwurf auch nicht gefallen lassen! Voraussetzung für ein gut funktionierendes Miteinander ist, dass die Beteiligten Ihre Kompetenzen gegenseitig achten.

7. Konsequent, aber bezogen auf diese spezielle Situation eine völlig überzogene Reaktion. Wie steht es mit Ihrer Kritikfähigkeit? Wäre es nicht sinnvoller, nachzufragen, worin die Gründe für die Ablehnung zu sehen sind, um daraus ein besseres Konzept zu entwickeln? Konzentrieren Sie sich auf die Sache, nicht auf Ihre Person. Konflikte werden Sie auch in der nächsten Stelle haben.

8. Weichen Sie nicht zu schnell von Ihrem ersten Entwurf ab. Betonen Sie dessen Stärken. Damit machen Sie deutlich, dass Sie sich Mühe mit der Ausarbeitung gemacht haben und Sie überzeugt vom Ergebnis sind. Das führt zumindest zu einer intensiveren Auseinandersetzung mit dem Thema. Durch die Diskussion lassen sich Gemeinsamkeiten herausarbeiten und vielleicht Kompromisse finden.

9. Genau richtig. Sie betrachten die Sache aus seiner Perspektive und entwickeln so *gemeinsam* eine Lösung. Dabei argumentieren Sie die Stärken Ihres Entwurfs. Im dritten Schritt versuchen Sie gemeinsam die Punkte zu definieren, die noch weiter entwickelt werden müssen. Spätestens dann wird Ihr Chef auch eingesehen haben, dass er etwas zu barsch geurteilt hat – auch wenn er sich nicht weiter dazu äußert.

10. Schieben Sie die Verantwortung für mögliche Schwächen Ihrer Ausarbeitung nicht gleich von sich. Natürlich wäre es besser gewesen, Sie hätten mehr Zeit gehabt. Aber statt sich gegenseitig Vorwürfe zu machen, sollten Sie sich auf eine Lösung der anstehenden Aufgabe konzentrieren. Schließlich ist das Ihrer beider Job.

Übung 62: Loyal nach allen Seiten?

1. Die Mitarbeiter werden Ihre wahre innere Einstellung „zwischen den Zeilen" spüren. Sie machen sich dadurch gegenüber Ihrer eigenen Abteilung unglaubwürdig.

2. Ein harter Konfrontationskurs! Je nach Machtverhältnissen und wirtschaftlicher Situation riskieren Sie Ihre eigene Stellung und drohen zum Märtyrer zu werden.

3. Sich zeitig nach Alternativen umzuschauen ist nichts Verwerfliches. Insbesondere wenn die Geschäftsführung kapitale Fehlentscheidungen macht und so das ganze Unternehmen in seiner Existenz bedroht ist. Solange Sie noch da sind, sollten Sie sich allerdings Ihrer Verantwortung für die Abteilung stellen.

4. Die Mitarbeiter werden es ohnehin früher oder später erfahren. Sie verlieren Ihre Glaubwürdigkeit und das Vertrauen der Mitarbeiter, wenn Ihre Abteilung von anderer Seite erfährt, dass Sie etwas verheimlicht haben.

5. Eine ehrliche Antwort. Jeder macht sich Gedanken um seine eigene Existenz. Aber Sie sind Führungskraft und gefordert, sich um Ihre Abteilung zu kümmern.

6. Es ist sicherlich sinnvoll, ein allgemeines Stimmungsbild einzufangen, bevor man sich in der einen oder anderen Weise zu sehr aus dem Fenster lehnt. Aber bleiben Sie dabei Ihrer eigenen Überzeugung treu.

7. Eine faire und auch erforderliche Maßnahme.

8. Es ist nicht Ihre Aufgabe, die Stimmung Ihrer Abteilung zu übernehmen, sondern vielmehr, diese zu leiten. Zeigen Sie Wege auf und motivieren Sie. Äußern Sie gegebenenfalls aber auch ehrlich eigene Bedenken.

9. Eine sehr engagierte und demokratische Vorgehensweise. Sie fungieren dadurch als Schnittstelle zwischen Management und Belegschaft. Achten Sie aber darauf, dass Sie der Geschäftsführung nicht durch Kompetenzüberschreitung auf die Füße treten.

10. Dieser Schritt führt leider zu nichts, Sie sitzen vermutlich am kürzeren Hebel. Durch dieses Verhalten bringen Sie die Geschäftsführung womöglich noch auf die Idee, dass die Abteilung sowieso nichts bringt und genauso gut auch aufgelöst werden kann.

Übung 63: Feindselige Konflikte lösen

Hier können wir Ihnen natürlich nur allgemeine Lösungsansätze vorschlagen. Wie Sie den virtuellen Konflikt tatsächlich lösen, hängt von der jeweiligen Situation ab.

1. Versuchen Sie, ruhig zu bleiben und das gemeinsame Interesse an einer Klärung in den Vordergrund zu stellen.

2. Signalisieren Sie, dass Sie es nicht böse mit dem anderen meinen und an einer friedlichen Lösung interessiert sind.
3. Zeigen Sie Verständnis für die Aufregung der Gegenseite, bitten Sie aber um Mäßigung, damit ein gemeinsames Gespräch möglich ist.
4. Schalten Sie einen unbeteiligten Dritten ein, der als Moderator das Gespräch leitet. Legen Sie Ihre Interessen darin deutlich dar.
5. Überlegen Sie vorher jedoch, was Sie dem anderen im Gegenzug anbieten können – suchen Sie im Gespräch nach Möglichkeiten, zu einer Win-Win-Lösung zu kommen.

Übung 64: Bessere Verhandlungsergebnisse erzielen

Wir wissen nicht, wo Ihre Obergrenze ist und wie Sie einsteigen. Würden Sie jedoch maximal 90 Euro zahlen wollen, könnten Sie mit einem ersten Gebot von 50 einsteigen. Damit hätten Sie dem Anbieter auf jeden Fall klar signalisiert: Sie wollen das Stück nicht nur zum Schleuderpreis erwerben. Dann dürfte auch der Anbieter seine Bereitschaft zum Entgegenkommen signalisieren – und Sie treffen sich tatsächlich in der Mitte.

Übung 65: Verhalten Sie sich offen?

1. Vermutlich fühlen Sie sich dem signalisierten Vertrauen gegenüber verpflichtet und möchten es nicht verletzen. Möglicherweise ist Ihnen das unangenehm, weil Sie sich dadurch genötigt fühlen, die gleiche offene Art zu erwidern. Wenn Ihnen das schwer fällt, trainieren Sie Offenheit am besten dadurch, dass Sie in ungefährlichen Momenten immer wieder und immer häufiger Offenheit wagen. Wenn Sie damit genügend gute Erfahrungen gesammelt haben, wird es Ihnen nicht schwer fallen, auch in wichtigen Momenten offen zu sein.
2. Wenn ja, begründen Sie Ihre Auffassung bitte mit nachprüfbaren Beweisen. Was sich nicht beweisen lässt, sind Vermutungen. Und Vermutungen sind recht ungewiss. Bemühen Sie sich um eine positive Einstellung anderen Menschen gegenüber. Diese „erspüren" Ihre Einstellung und reagieren entsprechend. Wenn Sie Misstrauen aussenden, so werden Sie in der Regel auch Misstrauen ernten.
3. Sie könnten zurückgewiesen werden und sich dadurch in Ihrer Ehre verletzt fühlen. Das kriegen Sie dadurch in den Griff, dass Sie Ihre Person und Ihre Funktion als Verhandlungspartner voneinander trennen. Stellen Sie sich vor, Ihre Person sitzt über oder hinter der Szenerie und steuert Sie als Verhandlungspartner wie in einem Rollenspiel. So sind Sie nicht nur „unverwundbar", sondern auch souveräner.

4. Wenn Ihr Gegenüber tatsächlich nicht mitspielen sollte, brechen Sie die Verhandlungen mit Bedauern ab. Stellen Sie neue Verhandlungen nach Ihren offenen Regeln in Aussicht. Ihr Partner weiß dann für das nächste Mal, dass ihm von Ihrer Seite keine Gefahr droht und kann entsprechend entspannt in eine neue Verhandlungsrunde gehen.

Übung 74: Subjektive Buchführung

Seien Sie skeptisch, wenn Ihnen jemand erklärt, dass man nur diese und jene Bestandteile des Unternehmens ausgliedern oder umwandeln muss, um erfolgreich zu sein. Schließlich handelt es sich um gewachsene Strukturen, bei denen sich die Bestandteile in vielschichtiger Wechselwirkung miteinander befinden. Sie würden sich ja auch nicht die Milz und ein Bein entfernen lassen, nur um Ihr Idealgewicht zu erreichen.

Betrachten Sie beim prognostizierten Ergebnis auch die weichen Faktoren, wie z. B. Mitarbeiterzufriedenheit und Kundennähe. Das beste theoretische Modell hilft Ihnen nicht, solange die betroffenen Menschen nicht zufrieden sind und zur Konkurrenz gehen. Dazu ist es erforderlich, Ergebnisse nicht nur monetär zu bewerten. Insbesondere das Feedback Ihrer Kunden (über alle Kommunikationswege!) sollten Sie bündeln und gut im Auge behalten, ob sich tendenziell Veränderungen abzeichnen. Reagieren Sie direkt auf negative Tendenzen, wie etwa die Zunahme von Reklamationen.

Schließlich hilft es immer, wenn Sie eine zweite Meinung einholen und die Ergebnisse kontrollieren (lassen). Ein Manager entscheidet natürlich in einem gewissen Rahmen unabhängig, aber auf gleicher Ebene muss sein Konzept diskutiert werden.

Übung 76: In der Verantwortung stehen

1. Sie laufen Gefahr, die Situation nicht realistisch einzuschätzen, wenn Ihnen die Anerkennung durch die Familie wichtiger ist als die wirtschaftlichen Fakten.
2. Die Aussicht auf ein hohes Einkommen wirkt sicherlich motivierend. Für die Entscheidung, ob Sie ein Risiko übernehmen wollen, sollte die Bewertung der Chancen im Vordergrund stehen.
3. Das hat wenig mit Ihrer Herausforderung zu tun.
4. Sie laufen Gefahr, sich aus lauter Pflichtgefühl einer Sache zu widmen, die vielleicht gar nicht Ihr Ding ist.
5. Ein guter Zug von Ihnen, nicht über den Kopf Ihres Partners hinweg zu entscheiden. Aber zuerst sollten Sie prüfen, ob die Sache für Sie überhaupt in Frage kommt. Und das erreichen Sie mit einer Risikoabschätzung.

6. Wichtig, aber glauben Sie nicht jeder Prognose! Bemühen Sie sich um eine eigene Einschätzung.

7. Auf jeden Fall ein wichtiger Punkt, um auch Ihre Erfolgschancen realistisch einzuschätzen.

8. Zwei wichtige Faktoren, um die Zukunftschancen abzuschätzen. Sie gehen die Sache pragmatisch an!

9. Versuchen Sie nicht, die Firma aus lauter Mitleid für andere zu retten. Die Verantwortung, die Sie damit übernehmen wollen, übersteigt Ihren Zuständigkeitsbereich.

10. Ebenfalls eine starke Motivation, etwas Eigenes selbst bestimmt gestalten zu können. Allerdings sollten Sie dann auch Punkte angekreuzt haben, die der Risikoeinschätzung des Projekts selbst dienen.

Sie sind gut beraten, wenn Sie die Sache einschätzen wie ein unbeteiligter Dritter. Die Zukunftschancen des Unternehmens sind abhängig von den vorhandenen Betriebseinrichtungen, den Produkten, den eingespielten Geschäftsbeziehungen, den erforderlichen Investitionen, von der Marktentwicklung und nicht zuletzt von einer leistungsfähigen Belegschaft.

Übung 77: Toleranz und Aufgeschlossenheit

1. Gerechter wäre doch vielleicht die Lösung, die Kfz-Steuer nach dem Fahrzeuggewicht zu erheben. Schwere Fahrzeuge verursachen die meisten Straßenschäden, den meisten Lärm und haben den höchsten Verbrauch.

2. Ob Sie nun das eine oder andere ausnahmslos bevorzugen – denken Sie einmal an berühmte Musiker: Glauben Sie, dass Sting zum Beispiel auch so einseitig denkt? Und sind nicht auch große Dirigenten „Popkünstler"? Warum glauben Sie, gibt es wohl so viele Grenzgänger zwischen den drei Richtungen? Wer so absolut denkt, misst am Ende seinem Geschmack einen höheren kulturellen Wert zu als den anderen – aber wer ist schon „kompetent", Geschmacksfragen endgültig zu lösen?

3. Hüten Sie sich vor Verallgemeinerungen! Es gibt Meisterköche wie auch Rallyefahrerinnen, die mit 120 Sachen einparken.

4. Dann wissen Sie, welche Genüsse Sie verpassen würden, wenn Sie sich dem Fremden nicht öffnen.

5. Aber bestimmt finden Sie es normal, sich einen Nadelbaum ins Zimmer zu stellen und ihn anzusingen.

6. Nehmen Sie Kleinigkeiten nicht gleich zu persönlich. Nur wegen einem entgangenen Gruß gleich auf Konfrontation zu gehen – seien Sie großmütig und geben Sie anderen eine Chance.

7. Sich auf fremde Kulturen einzulassen, fällt nicht immer leicht. Denn kulturelle Differenzen trennen nun einmal. Aber wenn Sie es zulassen, können die fremden Einflüsse sehr bereichernd sein.
8. Ach, Sie sind beruflich dort?

Übung 78: Du-Botschaften in Ich-Botschaften übersetzen
Hier drei Vorschläge – natürlich sind auch viele andere Lösungen denkbar:
1. Sie wollen ein Projekt durchsetzen, spüren aber Widerstand bei Kollegen. Ich-Botschaft: „Ich möchte, dass Sie das Projekt noch einmal prüfen, denn ich halte Ihre Zweifel für unberechtigt."
2. Meeting, die Zeit ist schon überschritten, Sie wollen abkürzen. Ich-Botschaft: „Ich schlage vor, hier jetzt abzuschließen. Diesen Punkt können wir beim nächsten Mal noch vertiefen."
3. Ein Projekt. Ihr Mitarbeiter hat geschludert. Ich-Botschaft: „Mit diesem Ergebnis bin ich noch nicht zufrieden. Bitte überarbeiten Sie Punkt X noch einmal, damit wir die Abnahme nicht gefährden."

Übung 81: Wissen Sie's noch?
Einstellung, Konsequenzen, Handeln, Aufgeschlossenheit, Verzicht, Zeit, Energie, Ziel, Wege, Erfahrungswerte, Ungewissheit, Augenhöhe, Nutzenaspekt, Tun, Zuversicht, Vorstellungen, Übereinstimmung, Vorbild, Unterstützung, Leistungsfähigkeit, Erfolg

Danksagung

Das Entstehen eines Buches ist von vielen Köpfen und Händen abhängig. Ich bedanke mich an dieser Stelle ganz herzlich bei allen, die zum Gelingen dieses Buches beigetragen haben. Vielen Dank an Helga Keaton und Dr. Peter Tischer für ihre strategische und fachliche Beratung. Weiterhin danke ich Stefan Kilian für die Organisation des gesamten Projekts und ganz speziell Dr. Ilonka Kunow für die hervorragende Skriptbetreuung und das überzeugende Finish. Nicht zuletzt gebührt Helen Jürries Dank für ihren unermüdlichen Einsatz für das Gute in dieser Welt.

Literatur

Bach, Richard: Illusionen, Frankfurt, 1990

Carter-Scott, C.: Das Leben ist ein Spiel und hier sind die Regeln, München, 1999

Castaneda, Carlos: Die Reise nach Ixtlan, Frankfurt, 1982

Dölz, Susanne: Sich durchsetzen, Planegg bei München, 2003

Fehlau, E.G.: Konflikte im Beruf, 2. Aufl., Planegg bei München, 2002

Fisher, R. et al: Das Harvard-Konzept. Sachgerecht verhandeln – erfolgreich verhandeln, Frankfurt, 2000

Goleman, Daniel: Emotionale Intelligenz, 13. Aufl., München, 2000

Haeske, Udo: Team- und Konfliktmanagement, Berlin, 2002

Häusel, H.-G.: Think Limbic! Die Macht des Unbewussten verstehen und nutzen, Planegg bei München, 2002

Hüther, Gerald: Bedienungsanleitung für ein menschliches Gehirn, Göttingen, 2002

Knoblauch, Prof. Dr. J.; Wöltje, H.: Zeitmanagement, Planegg bei München, 2003

Lehner, B.: Selbstsicher handeln, Weinheim, 1993

Leibold, Gerhard: Positiv denken und leben, München, 1990

Lorenz, M./Rohrschneider, U.: Das Vorstellungsgespräch, München, 2002

Lürssen, Jürgen: So macht man Karriere, Frankfurt, 2003

Niermeyer, Rainer: Motivation. Instrumente zu Führung und Verführung, Planegg bei München, 2001

Nöllke, Matthias: Entscheidungen treffen, 2. Aufl., Planegg bei München, 2002

Pirsig, Robert M.: Zen und die Kunst ein Motorrad zu warten, Frankfurt, 1976

Ruhleder, Brigitte: Umgangsformen im Beruf, Offenbach, 2003

Schindler, Craig; Lapid, Gary: Wie du und ich gewinnen, Freiburg, 1991

Schlippe, Arist von; Schweitzer, Jochen: Lehrbuch der systemischen Therapie und Beratung, Göttingen, 1999

Schulz-Wimmer, Heinz: Projektmanagement, Planegg bei München, 2003

Steiner, Claude: Emotionale Kompetenz, München, 2001

Tepperwein, Kurt: Krise als Chance, Landsberg, 1995

von der Linde, Boris: Gesprächstechniken für Führungskräfte, München, 2003

Watzlawick, Paul: Anleitung zum Unglücklichsein, 16. Auflage, München, 2001

Wendmann, Eugen: Am Limit, Goldebek, 1998

Wilhelm, Th.; Edmüller, A.: Überzeugen. Die besten Strategien, Planegg bei München, 2003

Zimbardo, P.G.: Psychologie, 4. Auflage, Berlin, 1983